房屋建设施工技术与管理

于卫刚　　张进军　　钟金来　　主编

吉林科学技术出版社

图书在版编目（CIP）数据

房屋建设施工技术与管理 / 于卫刚，张进军，钟金来主编 . -- 长春：吉林科学技术出版社，2020.1
ISBN 978-7-5578-6403-3

Ⅰ. ①房… Ⅱ. ①于… ②张… ③钟… Ⅲ. ①房屋－建筑施工－技术管理②房屋－建筑施工－施工管理　Ⅳ. ① TU712

中国版本图书馆 CIP 数据核字（2020）第 000742 号

房屋建设施工技术与管理

主　　编　于卫刚　　张进军　　钟金来

出 版 人　李　梁

责任编辑　端金香

封面设计　刘　华

制　　版　王　朋

开　　本　16

字　　数　290 千字

印　　张　13

版　　次　2020 年 1 月第 1 版

印　　次　2020 年 1 月第 1 次印刷

出　　版　吉林科学技术出版社

发　　行　吉林科学技术出版社

地　　址　长春市福祉大路 5788 号出版集团 A 座

邮　　编　130118

发行部电话 / 传真　0431—81629529　　　81629530　　　81629531
　　　　　　　　　　81629532　　　81629533　　　81629534

储运部电话　0431—86059116

编辑部电话　0431—81629517

网　　址　www.jlstp.net

印　　刷　北京宝莲鸿图科技有限公司

书　　号　ISBN 978-7-5578-6403-3

定　　价　57.00 元

前　言

　　房屋建筑施工技术管理贯穿于房屋建筑施工全过程，是房屋建筑施工的首要任务，且施工技术管理水平的高低直接影响着房屋建筑施工质量、进度、成本等方面，同时亦会对企业的效益与声誉产生严重影响，其重要性不言而喻。因此，作为新时期背景下的房建企业，必须加强施工过程中的技术管理，并着力提升施工技术管理水平，建立健全完善的管理体制，从而为房屋建筑施工技术管理工作的顺利进行奠定坚实的基础。

　　因此，本书从十章内容对房屋建设施工技术与管理进行详细的阐述与分析，对我国房屋建设施工现状、技术与发展进行叙述，希望能够为我国房屋建设事业提供一份帮助。

目　录

第一章 房屋建设施工测量技术

第一节 施工测量技术

一、房屋建筑测量的准备工作

房屋建筑测量前的准备工作对整个建筑测量工作具有深远的影响。在房屋建筑测量工作的准备阶段，需设置相关的测量机构，并确定实际的测量人员名单，构建一个房屋建筑测量团队。再针对测量工作团队里的每个队员的个体特色确认其具体职责，最终保障整个房屋建筑测量工作的顺利进行。

房屋建筑测量准备工作的具体实施步骤如下：

（一）设置房屋建筑测量机构

在房屋建筑测量工作中，由于各建筑小区的地形复杂程度不同、占地面积不同、单位工程不同，且房屋建筑普遍高大，因此，施工单位应该在项目技术部门下设置专职的测量团队。测量团队由1个测量工程师及每个区段的两个专职技术人员构成，当建筑场区内导线控制网的操作人手不够时，可由项目工程部门的其他人员配合工作。

（二）划分房屋建设测量团队的具体职责

房屋建筑的项目负责人的具体工作是复核轴线控制网，而建筑项目的质量员负责复核施工员测量的梁柱边线及控制线。当每个房屋楼层的施工测量放线工作完成后，项目工程部门要进行复核，复核工作完成后，再由测量工程师将施工测量的结果报验给监理工程师，只有经监理工程师复核后才能进行具体的施工作业。建筑工程施工员应根据测量团队测量出的楼层控制轴线放出墙柱和墙体的控制线、房梁的位置线及预埋、预留位置线。此外，在房屋测量的准备工作中，还需进行详细的记录。工程测量人员将有出入的地方进行记录，再按流程进行上报，并严格保管有效的数据。

二、房屋建筑的基础施工测量

房屋建筑的基础施工测量工作可以分为 3 个部分：

（一）建立基础施工测量控制网

由于房屋建筑基础施工阶段的地形变化非常大，地势呈错阶起伏状，且具体单位工程的数量众多，为了实施有效的基础施工测量控制，应该开工初期在施工场地内设置 2 ~ 4 个桩位，组成完善的导线控制网。施工场地内的测量控制网作为建筑工程网的设置依据，应由全站仪实施具体的投测工作。

（二）合理设置基础施工测量的控制桩

控制桩应设置在完整的基岩上，并将控制点直接设置在基岩表面。当控制桩点的设置工程完成以后，还需在控制桩的周围设置一些醒目且可靠的维护设施，用以保护控制桩。

（三）实施房屋建筑基础施工的测量工作

在房屋建筑的基础施工阶段，应该根据控制桩的位置，利用经纬仪及钢卷尺对各轴线进行直接投测，再依据房屋建筑的设计截面对各个构件进行放线作业。此外，还需要结合 S3 水准仪及铁塔尺实施高程引测作业。由于房屋建筑基础施工阶段的控制桩会因地面沉降或遭碰撞而出现移位的情况。因此，每次投测轴线前都必须校核控制桩是否有移位现象，校核无移位后才能进行施工测量工作。

三、房屋建筑的主体施工放线

当房屋建筑的基础施工测量工作完成后，房屋建筑的内控轴线与高程系统也已经完成，这时应该从房屋底板由下往上垂直进行整个房屋建筑结构的内控轴线主体施工放线。采用高精度的激光经纬仪对房屋建筑的内控轴线进行测试，并在每层楼板上流出测量孔，利用激光经纬仪的光线经轴线交汇点垂直向上投射至透明靶上，明确上层楼层四角控制轴线的交汇点，再进行四点转角的交汇复核作业，便能得到上层楼房的控制轴线平面图，该平面控制体系便能控制上层楼房的具体施工位置。

四、房屋建筑的标准层施工测量

房屋建筑标准层的施工轴线测量工作分为两个部分：

（一）标准层施工测量控制网的设定方式

房屋建筑标准层的施工轴线测量工作主要依靠内控法传递及引测施工轴线。在房屋建筑的首层地面设置测量内控点，且在房屋建筑的外围设置测量外空点。精确地制定出矩形的控制网点，各控制网点均采用规定尺寸的预埋钢板，并在其表面标准点上作点号标记。

（二）标准层施工测量控制线的引测工作

对房屋建筑的上部结构进行施工作业时，应在其内控点预留 1 个方形的观测孔。而在进行房屋建筑上部结构的轴线投测工作时，垂准仪应架设在内控点位上，并向上垂直引测至各施工楼层，再用钢尺及经纬仪复核转点，复核闭合后再进行线轴与控制线的投测施工。房屋建筑每施工 3 层，就必须对控制线进行校核，主要采用内控制线与外控制线相互对比的复核方式。

五、房屋建筑的施工沉降测量

当房屋建筑的地下施工工程完毕后，其首层工程施工应严格按照施工图纸进行，并在柱子上埋设出沉降测量观测点，观测点的施工也必须严格按照设计要求进行。为防止沉降测量观测点因冲撞变形而影响数据统计，应对其采取相关的保护措施。房屋建筑施工沉降测量观察点在埋设施工时，应在剪力墙标高以上的 50cm 处开洞，将直径为 25mm 的钢筋制作成弯钩状，并平向插入剪力墙上的洞内，再用水泥浆填充。而在房柱上设置新测量观测点的时间应控制在对柱子进行校正进行以后和二次灌浆之前，将高程引致新的测量观测点处，并保持观测的连续性。

工程测量是房屋建筑工程中的一项重要工作。在房屋建筑的施工过程中，工程测量的涉及面非常宽，实际工作也非常精细且烦琐，因此不能出现任何疏忽。对房屋建筑的基础施工进行测量，主体施工实施放线工程与复核审查，再对测量的结果进行对比和分析，形成工程校验所需的详细数据。房屋建筑工程的测量工作是保证房屋质量的重要内容，因此，必须受到房屋建筑工程相关管理人员的重视。

第二节　建筑工程测量定位控制

在建筑工程各个施工阶段中，工程测量技术大大影响着建筑工程质量。建筑工程测量一般包括建筑物的定位、轴线放样、标高测量及复核、建筑物的总高测量以及垂直度测量等。

一、建筑工程测量前的准备工作

施工测量准备工作是测量的重要环节，对施工测量全过程能否顺利进行具有较大影响。要做好测量准备工作，包括以下 5 个方面：审查图纸和设计交底；校核测量定位的选择依据点，进行技术交接；对测量仪器进行检定和校核；编制测量方案，准备相关数据，对建筑工程施工现场进行测量；按照设计图纸的特点和工程内部结构特点，对轴线平面加以确定，以及对高程控制网形式进行确定。

二、建筑物的定位测量

（一）建筑物的定位选择

建筑物的测量定位选择，应参照建筑物本身的平面布局特点，还有其占地面积选择依据，如按城市控制点进行定位，应选择高精度的点位、方向为依据；按建筑红线桩进行定位，应选择建筑红线（与主要街道中心线平行）为依据，并用长的已知边测量较短的边；按原有建筑物，或者道路中心线进行定位，应选择永久性且外廓完整的建筑为依据。

（二）建筑物的定位方法

直角坐标法定位和极坐标法定位，前者适用于矩形建筑物；后者适用于任意形状建筑物。如果量距较为困难，则选用角度交会法进行定位。

（三）建筑物定位测量

建筑单位应在建筑物定位测量开展前，提供规划测量位测量、确认建筑物角标的坐标给施工单位。建设单位先要审核建筑工程施工总平面定位图，并核实设计图纸准确无误；与总包单位和监理交接并验收施工现场的坐标点、水准点，如果出现误差较大，应上报设计院并与其协商解决措施，且通过确认后才能进行正式定位。

施工现场必须要建立高程控制网和平面控制网。由测绘给定水准点并实行引入，及时对水准点采取相应保护措施使其免遭破坏。平面控制网是建筑工程测量定位和施工放线的基本依据，而高程控制网则是施工场区内进行建筑物高程测量及传递的基本依据。建设单位需在工程定位后，组织监理及总包单位进行验收，合格后报规划部门再次验收，验收合格才能执行施工。

三、建筑工程测量中的相关问题

（一）基础施工测量

基础施工测量的内容：桩基施工测量；基槽开挖的抄平放线、基础放线；±0.000 标高以下的抄平放线。±0.000 标高线的测定十分重要，可以确保槽底标高准确。

（二）标高控制

施工时一般安排专人来测定标高，常用随挖随测的方式。当土方开挖接近基底时，标高点应被牵引到基坑内，并在工程桩钢筋上留下标记，在底板施工阶段时用作垫层浇筑、支底板模板的依据。

（三）结构施工测量

大多数的民用建筑物，其结构施工测量（±0.000标高以上）工作如下：结构首层轴线的放线和抄平，结构施工层主轴线的竖向投测，结构施工层标高的竖向传递，大型预制构件的弹线，结构安装测量等。

（四）控制轴线投测

结构施工首层放线验收完毕后，应将控制轴线弹出在建筑物外墙立面上，作为各施工层主轴线进行竖向投测时的依据。投测时如果视线不足，且架设经纬仪难度较大时，应选用激光铅直仪器，通过预留孔洞向上投测，控制网则由原来的外控转为内控，并且图形与外廓轴线平行。控制轴线应设在建筑物的外廓、楼梯间或电梯间两侧各自轴线上最为适合。

（五）标高测量

±0.00以上的标高测量，其方法主要使用钢尺沿建筑结构外部进行向上竖直测量，一般在建筑四周分3处来进行校验复核。标高测量的技术要点：起始标高线常使用水准仪，根据建设单位提供的水准点进行引测并确保精度；检定使用的钢尺，从±0.00水平线开始往上测量高差时，钢尺身应铅直并用标准拉力，同时改正尺长和温度。

（六）建筑物标高复核

建设项目法人应向规划部门提供测量确认的角标以及永久性高程点。当永久性高程点远离建筑物时，应将永久性高程点引至建筑物四周无影响的位置并做高程桩，然后再将永久性高程引至高程桩。高程桩的周围需架设围护，并把桩身埋置在残积土下，桩身常为方柱形或圆柱形（上小下大）并在桩身埋设Φ16圆钢，高程桩架设处应免被扰动并需定期对其进行校核。

根据架设的永久性高程或高程桩对基底标高进行测量，还需做到：在基底加设标高木桩，用于控制垫层的厚度；在地梁模板上弹梁面标高线，用以控制地梁标高；在底层墙体上，或者选择在框架柱上，测量出建筑物单体的±0.00基线，用铁漆作为标记用作层高的控制线。层高的测量方法：用挂线丈量与经纬仪测量昂角，然后计算层高相加。层高控制线随着每层施工完成而上引。参照层高控制线引入室内，转为30线或50线并作为窗台、墙顶、木门窗安装以及梁底与板底标高控制的依据。

四、建筑物的总高测量及垂直度测量

（一）建筑物的总高测量方法

通过经纬仪测量建筑物总高点的昂角，再结合±0.00基线测出经纬仪的高度，运用经纬仪与±0.00基线的测量距离，结合总高点昂角计算出经纬仪到总高点的高度，最后综合经纬仪高度的总和。现在选用红外线测量仪能直接测出建筑物的总高度。

（二）建筑物的垂直度测量

在建筑物主体封顶完毕未开始装修前，应该首次测量建筑物的垂直度；主体装修竣工前再进行第二次测量。垂直度测量可选用吊垂线和经纬仪。装修前从屋面边轴线吊下垂线，使用经纬仪使其垂直，垂线在底层与同轴的轴线偏差，称为垂直度偏差。装修后可以直接从屋面的外墙大角吊垂线，使用经纬仪控制其垂直，垂线在底层与大角的偏移，就是垂直度偏差。

建筑工程测量定位是施工管理的前提，此环节十分重要，因此，应严格执行建筑工程测量定位，以确保工程施工取得成功。在实际的建筑工程施工中，需正确认识测量工作的重要性，结合现代技术进行科学管理，做好定位测量工作并提高施工质量，力求建造更多优质的建筑工程。

第二章　土方及基础工程施工技术

第一节　土方的填筑与压实施工

在现代化建筑工程建设施工的过程中，土方工程的建设施工有着十分重要的意义，同时保证整个建筑结构稳定性和可靠性的重要手段之一。但是，由于土工工程在建设施工的过程中，自身所涉及的施工内容比较多，因此导致人们在建设施工的过程中，容易受到各方面因素的影响，而使其施工质量存在着一定的问题，从而使得整个建筑结构的稳定性和可靠性受到了严重的影响。为此我们在对其进行施工处理的过程中，就要对其施工质量进行有效的控制，以避免人们在预防工程建设施工的过程中，出现质量问题。

一般来说，我们在对建筑土方工程进行填筑压实施工时，主要是对其施工材料以及施工工艺，这两方面的内容进行控制。从而保障工程项目的施工质量。以下就对建筑工程中土方填筑和压实施工的相关内容进行介绍。

一、合理选用土料

土方填筑中，土料的选用要合理，要重点考虑土料的品种、质量和性能，依据工程实际情况，正确选择土料。笔者结合多年施工经验，给出以下几点可供采用的土料选择措施：

1）土方填筑中可采用爆破手段对碎石土体、沙土体进行爆破，以方便后期土体填方工作以及地下填料工作的开展。

2）黏性土是一种通用的土方填料，可适用于各种地层，但要注意，黏性土应用到土方填筑中以后，为保证土方填筑质量，一定要严格控制黏性土的含水量，将其含水量限制在施工允许范围内。如果黏性土的含水量超过了允许范围，则不可再进行土方填筑，以免对土方填筑效果产生负面影响。

3）土方填筑也可采取人工填土方式，但该方式在实际应用时必须做好严格的填筑质量控制，且填筑之前要对填筑过程中可能会用到的各种技术手段进行分析，看技术手段是否可行，是否能满足相关技术要求。人工填土方式原则上不可在地基回填中适用于，目的是防止人工填土质量欠缺，影响地基回填土的稳固性。

4）淤泥等膨胀类土质不能用作土方回填，更不能做地基回填土料。回填土在选用的过程中要优先利用基槽中挖出的优质土，第一是较为经济，第二是回填压实后与坑底，坑壁的原土亲和力较强。

二、施工工艺

（一）施工准备

在建筑土方工程开始前，对其施工工艺的准备工作有着十分重要的意义，这也是保障整个土方工程施工质量的主要方法之一。一般来说，我们在施工准备的过程中，主要是对其填土材料进行准备，对其质量、粒径以及其中杂质的含量进行要求，并且通过对填土材料中含水量的控制，来对其进行相应的压实处理。另外，技术人员在建筑土方填筑压实施工的过程中，如果没有对其填土材料进行相关的设计要求，那么我们就要根据工程施工的实际情况，来对填土材料中存在的沙土、碎石以及含水量等方面进行控制，只有这样才能很好地保障建筑土方工程填筑压实施工的质量。

（二）作业条件

在建筑土方工程施工的过程中，对其施工条件的规范也有着十分重要的意义，这样不仅使得工程的施工质量得到保障，也有利于人们对建筑土方工程的施工管理。而且我们在建筑填筑施工前，还许多根据工程施工的相关要求，来对其水平高程进行测设，一起确保基坑或者沟坡位置设计的合理性和准确性。

（三）渠道土方工程施工过程的监理

1. 渠道土方施工前，首先要对渠道中轴线、高程桩进行复测校合，并妥善保护和控制，在以后施工中也应定期复测，对有错误和损坏的控制桩及时纠正，认真检查各渠段的土质情况，对与设计中地质情况不符合或有特殊地质情况，应及时提出处理意见或请有关设计人员确定施工方案，和施工单位一起复测渠道断面，确定工程量，检查施工单位人员、机械到位情况，条件具备后下达单位（分部）工程开工令。

2. 渠道土方施工前还必须清基清废，对垃圾、草皮等杂物只要对表层清理干净即可，但对腐殖土就必须彻底清除干净，对树根和粗草根则要求追挖。对沼泽地段的施工则需要先降低地下水位，翻晒土质达到最优含水量时再行碾压施工。

（四）填土的压实方法

1. 碾压法

碾压法是利用当前建筑工程施工要求的主要处理措施方法，是利用机械控制措施和压力压实方法来达到土壤质量要求，充分的利用土壤密实度。使其达到所需要的密实度，此法多用于大面积填土工程中，碾压机械有光面碾、羊足碾和气胎碾。光面碾对沙土、黏性土均可以使用压实，其在应用的过程中羊足碾需要较大的牵引力，且其在应用中适合压实黏性土，因此在沙土中的使用中羊足碾会使得土颗粒受到羊足较大的单位压力而向四周延伸，从而使得土地结构遭到破坏，也是较为经济合理的压实方案和方法，施工的过程中使用土机机械形式的路线能够使得答题均匀低分布在填土面积上，并达到一定重复形式数遍，使其能够满足填土压实的需要和提高当前土壤质量的要求。碾压填方的时候，机械形式的速度不能够过快。

2. 夯实法

夯实法是利用夯锤自由下落的冲击力来夯实土壤。夯实法分人工夯实和机械夯实两种。

夯实机械有夯锤、内燃夯土机和蛙式打夯机，用于基槽或者面积小于一千平方千米的基坑回填过程中，人工夯土用的工具有木夯、石夯、夯锤是借助起重机旋持以重锤进行夯土的夯实机械，使用与夯实砂性土、湿陷性黄土、杂填土以及含有石块的填土。

3. 振动压实法

振动压实法是在送土层表面，振动演压实机产生振动力，使得土颗粒在振动的状态下发生相对位移并在振动压实机的重压之下达到紧密的状态，这种方法用于真是非黏性土的效果较好，如果使用振动碾进行碾压，可以使得土壤受到振动和碾压两种作用，碾压效率高，使用与大面积填方工程。

在现代建筑工程建设中，土方的压实和填筑工作是一项涉及范围极广的工程施工项目，同时其施工技术在建筑施工中也是极为重要的施工工序，对整个工程的施工质量都会造成一定程度的影响。一旦其中的某一个环节出现失误，就会对工程造成安全隐患和质量问题，同时也会使施工工期延长，影响工程施工的经济效益。所以，在工程施工中，必须要对其土方的填筑和压实施工引起足够的重视，对施工的每一个环节进行合理的掌控，针对其中所出现的问题采取相应的解决措施进行处理，使建筑工程的施工质量能够得到保证。

第二节　建筑工程中土方量计算

截至目前的建筑工程项目中，土方工程的施工越来越受到人们的关注和重视，已成为整个工程项目中最为关键的环节。但是，在我国土方工程施工中，仍然存在着较多的不足，尤其是在土方量的计算工作中，其问题更为严重，多个单位在施工中仍然都是采用传统老旧的计算方式来进行计算、一方面达不到工程施工质量和效益的要求，另外也无法复合当今时代发展需求。因此，在目前工作中需要我们从全新角度对建筑工程土方量进行计算和分析，提出相关的完善措施和指导建议，以供同行工作参考。

一、土方工程概述

土方工程也被人们广泛地称之为土石方工程，是由场地整平、基坑和管道沟槽开挖、路基开挖、人防工程开挖、回填土等工作环节共同组成的一个工作环节。在施工的过程中要想达到预计的工程施工质量要求，就必须要在施工之前合理的安排施工计划表和施工方案，确保工程量计量准确，同时也要尽量避免在雨天进行施工。

（一）工程特点。

在土方工程的施工中，其主要的特点有施工量大、施工周期长、工程投资大、影响面积广和施工条件复杂。由于土方工程在施工的过程中存在着诸多的特点，使得其在施工中常常受到各种外界影响较大，极容易造成工程施工周期和施工成本的影响，甚至是造成国民经济发展受阻的现象。因此在目前的工作中需要结合工程施工实际进行归纳，从而实现科学、合理的计算要求，保证工程施工质量。

（二）工程计算方法。

在土方工程中，对于土方体积的计算方法十分众多，但是经过总结归纳分析，其常见的计算措施大致可以分为三种，主要有体积公式估算法、断面估算法和方格法。

（1）体积公式估算法。体积公式估算法是最为常见的一种，是在减员过程中不管是原地形或者设计图纸中需要的土块等环节都需要高度重视，由于工程在施工中难免会出现类似于锥形、棱台等几何形态的地形结构，这些地形结构在计算的时候采用体积公式来进行估算十分关键，不仅有效地提高了计算效率，其计算量也较大，但是由于其精度差，因此大多情况下都仅仅是将其用来估算，而不是直接的精确计算。

（2）断面法。断面法进行土方量计算是一组灯具的互相平衡的截面将预先计算的地块、地形单体、土方工程分解成为段，从而对这一段进行计算，最终将计算结果进行相加得出最终土方量。断面法根据其所取断面的方向不同可分为垂直断面法、水平断面法（或等高面法）及与水平面成一定角度的成角断面法。以下主要介绍前两种方法。

（3）方格网法。方格网法是把平整场地的设计工作和土方量计算工作结合在一起进行的。其工作程序是：a. 在附有等高线的施工现场地形图上作方格网控制施工场地，方格边长数值取决于所要求的计算精度和地形变化的复杂程度。在园林中一般用 20~40m；b. 在地形图上用插入法求出各角点的原地形标高（或把方格网各角点测设到地面上，同时测出各角点的标高，并标记在图上）；c. 依设计意图（如：地面的形状、坡向、坡度值等）确定各角点的设计标高。

二、平整场地

建筑物场地厚度在 ±30cm 以内的挖、填、运、找平。

（一）平整场地计算规则。

（1）清单规则：按设计图示尺寸以建筑物首层面积计算。

（2）定额规则：按设计图示尺寸以建筑物外墙外边线每边各加 2m 以平方米面积计算。

（二）平整场地计算公式。

S=（A+4）×（B+4）=S 底 +2L 外 +16 式中：S——平整场地工程量；A——建筑物长度方向外墙外边线长度；B——建筑物宽度方向外墙外边线长度；S 底——建筑物底层建筑面积；L 外——建筑物外墙外边线周长。该公式适用于任何由矩形组成的建筑物或构筑物的场地平整工程量计算。

（三）基础土方开挖计算

1. 开挖土方计算规则。

（1）清单规则：挖基础土方按设计图示尺寸以基础垫层底面积乘挖土深度计算。

（2）定额规则：人工或机械挖土方的体积应按槽底面积乘以挖土深度计算。槽底面积应以槽底的长乘以槽底的宽，槽底长和宽是指基础底宽外加工作面，当需要放坡时，应将放坡的土方量合并于总土方量中。

2. 开挖土方计算公式。

（1）清单计算挖土方的体积：土方体积=挖土方的底面积 × 挖土深度。

（2）定额规则：基槽开挖：V=（A+2C+K×H）H×L。式中：

V——基槽土方量；A——槽底宽度；C——工作面宽度；H——基槽深度；L——基槽长度。其中外墙基槽长度以外墙中心线计算，内墙基槽长度以内墙净长计算，交接重合出不予扣除。

（四）回填土工程量计算规则及公式

1. 基槽、基坑回填土体积 = 基槽（坑）挖土体积 - 设计室外地坪以下建（构）筑物被埋置部分的体积。

公式中室外地坪以下建（构）筑物被埋置部分的体积一般包括垫层、墙基础、柱基础、以及地下建筑物、构筑物等所占体积。

2. 室内回填土体积 = 主墙间净面积 × 回填土厚度 - 各种沟道所占体积。主墙间净面积 =S 底 -（L 中 × 墙厚 +L 内 × 墙厚）式中：底——底层建筑面积；L 中——外墙中心线长度；L 内——内墙净长线长度。

（五）运土方计算规则及公式

运土是指把开挖后的多余土运至指定地点，或是在回填土不足时从指定地点取土回填。土方运输应按不同的运输方式和运距分别以立方米计算。运土工程量 = 挖土总体积 - 回填土。总体积式中计算结果为正值时表示余土外运，为负值时表示取土回填。L 形基坑开挖，计算开挖土方量放坡比例 1：0.5，基坑深 6m，总长和总宽都是 40m，其余的边都是 20m，计算开挖土方量？用官方公式算 {V=H/6×（A_1+A_0/4+A_2）} 总长和总宽就是最长的两条边都是 40m，其余的边都是 20m，公式就是土方量体积计算公式，其在计算中官方公

式 $\{V=H/6\times(A_1+A_0/4+A_2)\}$ 是拟柱体的计算公式，而用基坑中截面 × 开挖深度 +1/3 × 坡度的平方 × 开挖深度的立方。二者都不错，二个公式都常用。

土方工程在建筑工程施工中是不容忽视的重点，其在施工和计算中对设计要求高。断面判别准确，对土体的强度和稳定性有着严格的要求。因此在计算之中合理的计算措施是减少土方施工量，缩短工期和节省施工费用的主要方法。

第三节　房屋建筑土方施工技术

近些年来，我国的基础工程建设投入得到了日益增加，建筑工程得到了快速发展。建筑土方工程是建筑工程中最为重要的组成部分，在施工过程中施工人员一定要给予足够的重视，严格遵照施工规范以及相应标准进行，加强现场的监测，制定好完善的应急方案，做好土方的开挖以及回填，这对于保证施工的顺利进行是非常重要的。所以要充分研究建筑土方施工技术方面的内容，确保建筑土方工程高质量完成，推动建筑工程的发展。

一、施工之前的准备工作

（一）首先要对土石方的数量、交通情况、周边环境、地质测量等施工中的设计资料实施全方位的现场核实。在正式施工之前需要进行相应的测量，例如界桩、水准点复测、补点等等。

（二）要按照施工现场的情况进行有效布置。若是施工现场区域较大，进行场地平整、挖河或者路基填筑等大型工程，那么可以通过多次按照单机分段包干施工；若是施工现场区域较小，那么可以采取单机作业、集中行车或者群机联合作业的方式进行基坑的开挖以及回填等等操作。

（三）加强施工场地的排降水措施。泥土一旦遭遇水的侵蚀后会出现物理性能的变化，但是在土方施工过程中无法避免的会遭遇到降水以及地下水的情况。若是没有良好的排降水措施，就会造成基土受到破坏，从而造成塌方、泡槽以及地基挠动等问题，所以排降水是土方工程施工的关键环节。

（四）要按照工种施工要求进行布置场地。若是土方工程量较大，在一起无法完成的情况下就要先通后分期实施。施工过程中不同分部工程竣工时间可能是不同的，这就需要按照紧急程度来安排。同时，也要按照施工企业所具有的装备情况进行布置，若是施工企业具有较好的装备，并且方便转移，那么可以分期进行施工；若是施工企业的装备条件较差，转移需要消耗较长时间，那么可以采取全线布置，一定程度增加聚点。

二、建筑土方施工的机械化应用

为了确保填土压实具有较好的均匀性以及密实性，防止出现碾轮下沉、提升碾压的效率，在进行正式碾压之前，可以先采用轻型推土机进行推平，并且对其碾压 5 遍左右，确保平面的平实性。对于碎石土进行振动碾压时，需要先采取静压的方式，之后进行振压。在进行碾压过程中需要控制机械设备的行驶速度，正常情况下平碾以及振动碾都要在 2km/h 以下，并且对于压实的次数要有所控制。要保证压实机械和基础管道一定的距离，避免出现基础以及管道压坏或者发生位移。

三、土方挖方以及运输

（一）土方挖方

在进行土方挖方的实施过程中，一定要按照实际的施工环境来选择开挖的方式（人工方式、机械方式）。在采用机械挖方时，需要特别关注挖土机或者推土机的使用情况，一定要保证挖方作业按照设计图纸的规划来进行，同时要根据事先定点放线的标高桩、桩位的位置实施土方开挖作业。在进行机械施工过程中一定要关注地表土层的保护，要对表层熟土进行重复利用。在具体操作过程中要按照实际情况进行相应的调整，从而为后续土方填筑以及压实做好充分准备。人工挖土的方式主要适合用于小范围的精细调整，人工挖土过程中要特别关注工人的安全。

（二）土方的运输

土方运输过程中重点关注的内容主要包括运土、卸土地点的选择以及运输路线的选择。为了最大程度降低生态环境的污染，要最大程度上降低土方的搬运量。在运输时组织好运输路线，最好采用环形的运输路线，同时要明确运土以及卸土的区域，防止发生混乱以及窝工的情况，避免为后续的施工工作造成障碍。另外，也可以选择人工运输的方式进行土方运输，此种方式主要应用在运输距离相对较短的情况，也要选择最优的运输线路，要通过专门人员引导土方的运输以及装卸，从而提升土方运输的效率以及安全性。

（三）施工过程中需要特别注意的内容

1. 充分考虑基础支护的问题

对于深度较深的基坑来说，若是场地较为宽阔，那么可以考虑采取放坡施工的方式。但是对于城市建筑土方施工来说，常常会受到场地方面的限制而不能进行放坡施工，并且城市建筑大多数都是高层建筑，并且具有地下室（深度能够达到 6~15m），所以为了确保基坑开挖施工的安全性、避免对于周边建筑物，道路以及构筑物的损害，一定要充分考虑到深基坑的支护内容。基坑的支护结构一定要通过具有资质的设计机构进行设计，确保其具有足够的安全性和稳定性。

2. 要对控制深度进行随时的测量

现阶段土方的开挖绝大多数采用机械方式，但是问题在于很难精确地控制深度，常常出现超挖的情况。随着挖方的增加，填方也会有所增多，特别是对于深度超挖的情况，一定要进行充分的回填才可以确保基底达到设计标高的情况。另外填土的密实度很难与原土保持一致，从而造成基底承载力不够均匀，进而引发不均匀的沉降，所以要对机械开挖进行随时的测量。

3. 对于预留土层标高的控制

为了避免施工机械对于基底土层结构的破坏，要在接近设计基底标高位置预留200~300mm 厚的土层。通过人工开挖以及精细的修整来避免对于动土的干扰，确保其满足标准的设计要。在采用推土机和铲运机时要留有150~200mm 的土层厚度，通过正铲以及反铲挖土时留有 200~300mm 的土层厚度，对于那些受到降水淋湿的基地土层来说，一定要将其扰动的土层挖除掉。

4. 基坑验收方面

完成了基坑的开挖之后，建设单位需要组织相关单位（主要包括设计机构、地质勘查机构、质量监督机构、施工机构等）共同对基坑进行验收，特别要对地基土和地质勘查报告的相符性进行核实。同时也要确定其是否达到了设计图纸的要求，确定是否存在原土结构破坏或者出现较大的扰动。另外，也要观察槽底土颜色是否一致，明确土的坚硬程度是否相同，是否存在局部含水等异常情况，确定在槽底走动时是否存在颤动的感觉。对于那些经过检查合格的基坑要相应地基槽验收以及隐蔽工程记录，确保为后续工程施工提供参考依据。

随着我国经济的快速发展，我国的建筑工程项目从规模到数量都在快速增加。建筑工程中土方工程是最为重要的组成部分之一，其施工技术在很大程度上影响着整体建筑的质量，因此需要对土方施工技术进行充分的研究。

第四节 土方工程机械化施工技术

随着机械化施工技术不断应用在我国的土方工程施工中，极大地提高了土方工程的施工进度和施工质量，但是由于我国的机械化施工起步相对较晚，与一些发达国家相比，机械化施工工艺并不是很成熟。我国的土方工程机械化施工是在近十年来才开始进行研究，因此就目前我国的土方工程机械化施工技术而言，在技术的全面性上与发达国家的土方工程机械化施工技术还存在着一定的差距。

一、人员组织调配和安全生产教育

进行土方工程机械化施工前，首先要注意的就是人员搭配，要根据个人不同的性格和技术的高低，以及体力的强弱来进行搭配。搭配好人员过后，要及时地召开生产会和总结会，并且在会议上及时指出施工过程中经常出现的不合理操作。

二、场地布置

在土方工程机械化施工的场地布置上应当坚守四个原则：一是为了减小机械操作人员的工作强度，所以尽量少走弯路；而是减少来回循环的运动距离；三是尽量排除机械所做的无用功；四是维护机械的正常运行，降低机械的常发故障。在坚持这是个布置场地原则的前提下，可以根据施工现场大小进行布置，若施工现场宽大，如挖河筑堤或者路基填筑等比较大而且平整的工程，可以一次或者几次的按照单机分段包干施工，而若施工场地比较狭小，则可以采用单机作业。

三、土石方工程机械化施工

（一）推土机施工

推土机是一种自行式的挖土、运土工具。运距在100以内的平土或移挖作填时常采用之，以 30~60m 为最佳运距。推土机的特点是操作灵活，运输方便，所需工作面较小行驶速度较快，易于转移。使用推土机推土的几种施工方法：

（1）下坡推土法增大推土机铲土深度和运土数量，提高生产效率，在推土丘、回填管沟时，均可采用。

（2）分批集中，一次推送法适用于较硬的土，应用此法，可使铲刀的推送数量增大，缩短运输时间，提高生产效率 12% ~18%。

（3）并列推土法在较大面积的平整场施工中，采用两台或三台推土机并列推土。一般可使每台推土机的推土量增加20%。并列推土时，铲刀间距 15 ~ 30cm。并列台数不宜超过四台。

（4）沟槽推土法这种方法可以和分批集中、一次推送法联合运用。能够更有效地利用推土机，缩短运土时间。

（二）铲运机施工

铲运机有拖式铲运机和自行式铲运机两种。铲运机的特点是能独立完成铲土、运土、卸土、填筑、压实等工作，对行驶道路要求较低，常用于坡度在20°以内的大面积场地平整，开挖大型基坑、沟槽，以及填筑路基等土方工程。铲运机可在Ⅰ~Ⅲ类土中直接挖土、运土，适宜运距为 600 ~ 1500m，当运距为 200 ~ 350m 时效率最高。铲运机的开行路线。

环形路线，施工地段较短、地形起伏不大的挖、填工程，适宜采用环形路线。8字形路线。对于挖、填相邻，地形起伏较大，且工作地段较长的情况，可采用8字形路线。

（三）单斗挖土机施工

单斗挖土机是土方开挖常用的一种机械，按其行走装置的不同，分为履带式和轮胎式两类；按其工作装置的不同，可以更换为正铲、反铲、拉铲和抓铲四种；按其传动装置又可分为机械传动和液压传动两种。单斗挖土机适用范围：当场地起伏高差较大、土方运输距离超过1000m，且工程量大而集中时，可采用挖土机挖土，配合自卸汽车运土，并在卸土区配备推土机平整土堆。单斗挖土机施工特点

（1）正铲挖土机。"前进向上，强制切土"。能开挖停机面以上的Ⅰ～Ⅳ级土，适用在地质较好、无地下水的地区工作。

（2）反铲挖土机。"后退向下，强制切土"。能开挖停机面以下的Ⅰ～Ⅲ级土，适宜开挖深度4m以内的基坑，对地下水位较高处也适用。

（3）拉铲挖土机。"后退向下，自重切土"。能开挖停机面以下的Ⅰ～Ⅱ级土，适宜开挖大型基坑及水下挖土。

（4）抓铲挖土机。"直上直下，自重切土"。特别适于水下挖土。

四、土石方的填筑与压实

（一）填筑压实的施工要求

应掌握黏土、易风化的岩石两种永久性填方的填方高度和边坡坡度。）填方宜采用同类土填筑，如采用不同透水性的土分层填筑时，下层宜填筑透水性较大、上层宜填筑透水性较小的填料，或将透水性较小的土层表面做成适当坡度，以免形成水囊。基坑（槽）回填前，应清槽，检查基础的结构混凝土达到一定的强度后方可回填。填方应按设计要求预留沉降量。填方压实工程应由下至上分层铺填，分层压（夯）实，分层厚度及压（夯）实遍数，根据压（夯）实机械、密实度要求、填料分类及含水量确定。

（二）土料选择与填筑方法

碎石类土、砂土、爆破石渣及含水量符合压实要求的黏性土可作为填方土料。淤泥、冻土、膨胀性土及有机物含量大于8%的土，以及硫酸盐含量大于5%的土均不能做填土。填方土料为黏性土时，填土前应检验其含水量是否在控制范围以内，含水量大的黏土不宜做填土用。

（三）填土压实方法

填土压实方法有：碾压法、夯实法及振动压实法。平整场地等大面积填土多采用碾压法，小面积的填土工程多用夯实法，而振动压实法主要用于黏性土。

　　由于我国的土方工程机械化施工起步较晚，起点较低，因此在土方工程机械化的研究工作中，我们必须认清形势，充分的了解自身的不足之处，认真踏实的进行研究工作，不好高骛远，为土方工程机械化施工的管理、正确使用、修理、工程布置以及施工方法研究出更为先进的理论知识，并且制定出耗能更低、品质更优、产量更高的机械施工方法。目前，虽然我国的土方工程机械化施工已经取得较为良好的成绩，但是情况仍然不容乐观，不论是从技术上和机械设施上于发达国家都有着一定的差距，因此我国的土方工程机械化施工技术的研究工作任重道远，必须加大对机械化施工的研发力度，才能更好地促进我国的建筑行业机械化施工的发展。

第五节　爆破工程施工技术

　　改革开放以来，我国的经济发展十分迅速，并实现了自然资源的有效开发，但是开发自然的同时也造成了环境的破坏，环境的污染现象十分严重。我们需要更加的注重我国的生态文明建设，并采取一定的保护措施来改善并治理环境的污染。环境保护和环境的治理是人类社会可持续发展的重要前提。建筑工程的爆破项目造成了环境的污染。所以，我们要以绿色施工作为前提，并保证安全施工为主要目标，保证施工质量为主要任务，并使得爆破工程的施工对环境造成零污染。

一、爆破工程施工绿色化的设计管理

　　设定绿色管理目标。在进行爆工程施工前需要设定施工的绿色管理目标，严格地按照此目标来执行，做到爆破工程的绿色化管理。爆破工程施工绿色化的设计管理是要进行爆破工程的组织管理，同时在施工前进行规划管理，并在施工的过程中实现实施管理，施工结束之后要进行爆破工程的绿色化施工评测。此外还要保证施工人员的人身安全和施工工程的健康管理等等。

　　在施工开始前，需要编制确实可行的绿色施工管理规划并同时建立好一个正确完善的爆破工程绿色施工的管理体系。参照绿色施工管理规划，确定绿色施工预算，确定绿色施工的成本。并在此管理体系上设定绿色施工管理的部门。确定爆破施工绿色化的组织架构，由项目经理任组长，统筹协调。推选技术部部长或安环部部长负责具体事务，参照项目经理意见及绿色施工规划办理具体事务。同时，在爆破工程绿色施工时，需要节约工程中的使用材料。施工过程中，需要在确保施工安全以及施工质量达到标准的前提下进行节约材料计划方案的制定。为了更好地在施工中节约施工能源，需要制定相应的节能目标。施工的占用地也需要根据工程量的大小规划，根据爆破工程的施工标准来规划临时用地。

二、爆破工程施工过程中对环境的污染

在进行爆破工程的施工过程中，需要对原材料进行装卸，并运输。这期间都免不了对环境产生一定的危害。而爆破工程对环境的危害主要为爆破中的废气的污染、爆破中所产生的粉尘的污染以及爆破结束后的固体废弃物的污染和污水废弃油的污染等等。由于爆破的过程中会产生很大的气流所以爆破工程中的粉尘和施工噪声的污染极为严重。

（一）爆破工程中的大气污染

爆破工程中的大气污染，主要是：

（1）钻孔施工作业中产生的扬尘；

（2）爆破作业工程中产生的扬尘；

（3）爆破作业施工火工品运输产生扬尘；

（4）二次破碎产生扬尘。

主要解决方法：

（1）钻孔产生扬尘，主因是施工队为了赶施工进度或是为了节省施工成本而导致的问题。赶施工进度的问题，需要项目部根据施工计划合理安排施工时间，督促施工队增加人员投入与设备投入；节省施工成本的问题需要建立监管模式，安排专员进行检查，对违规作业施工队采取罚款、教育与奖励同时进行的方式，处罚产生扬尘队伍，集中被罚队伍人员进行集中教育，建立专项基金存储罚得款项奖励表现良好施工队伍。

（2）爆破作业产生大量扬尘，主因是技术问题及管理问题。技术问题可以采取增加超深，加长堵塞长度，选择合适抵抗线，增加孔间距，减少孔排距，使得爆破产生能量得到合理释放，减少扬尘。管理问题可以协调洒水车在爆破施工作业前对涉爆区域进行提前洒水作业。

（3）爆破作业施工火工品的运输产生扬尘，可以增加洒水车作业班次，提前洒水。

（4）二次破碎参数扬尘需要对施工区域进行提前洒水作业。

（二）爆破工程中的水污染

整个爆破的工程施工中会产生很多的废水，比如施工中的废水以及施工人员的生活废水等等。此外，现场的施工车辆的冷却用水以及洗车用水的量也很大。这些废水中有很多的泥沙以及车身上的油污。而生活废水主要是工人的食堂用水等。

为了减少爆破施工中的废水。我们需要在爆破施工的现场建立一个沉淀的池子，并把废水集中到废水池中去，经过废水池的初步沉淀再进行排放。而生活上的废水则需要经过专门的处理，并达到排放的标准后再进行排放。

（三）爆破工程中的固体污染

在爆破工程的施工过程中会产生大量的包装垃圾以及施工人员的生活垃圾等等，这些都是爆破施工中固体垃圾的主要来源。此外，爆破施工的过程中还会由于爆破区域临近河流等而使得附近的土地被爆破废弃物覆盖，同时造成道路的污染和周围运输管道的破坏。爆破所产生的大量的泥土、石块以及混凝土废弃物也是爆破工程中的固体污染来源。

为了有效地避免爆破过程中的固体废弃物的污染可以在施工的现场利用混装结构的炸药包，进而减少炸药包的包装垃圾。对于爆破后所产生的大量固体废气物质要进行及时的归类处理，并从中选取可用的，在下次施工中运用。对于不能用的可以进行地基的填埋等。工程施工中的生活垃圾要及时归类，电池要统一回收，避免给土地带来污染。此外，爆破工程队伍需要按照当地环保部门的有关规定以及工程发包人的要求来处理施工中的固体废弃物，进而避免重大的污染事件的发生。同时施工弃渣的堆填要符合业主要求，及时进行施工弃渣的治理和场地清理，避免重大水土流失事件的发生。

（四）爆破工程中的光污染和噪声污染

爆破工地一般会有大量的照明工具，这些照明工具的射程以及亮度往往很大。这就需要对其照射的方向以及角度进行严格的规定，避免照射到住户，影响他人的休息和正常的生活。可以利用灯罩来控制照明灯的方向和角度。

爆破工程中最严重的污染之一便是噪声污染。爆破的过程中以及机械对建筑物和地面开凿的过程中都会产生噪声。同时，设备运行的声音也是噪声的主要来源。所以需要在施工地点设置一个隔音墙，同时进行噪声的实时监测。爆破施工队伍需要制定好爆破方案，规定合理的时间段实施爆破作业，避免噪声对周边的居民产生影响。爆破施工队伍需要积极地采取先进的爆破措施和爆破设备，对设备进行定期的维护。

三、爆破监理工作的重要性

经济、社会高速发展，为我国建筑行业发展创造了良好的温床，面对日益激烈的市场竞争，要想立足于市场，企业务必要落实建筑工程监理工作，监理工作并非某一环节工作，其贯穿于整个施工全过程，建筑工程质量、进度等与监理工作息息相关，只有落实好施工现场监理工作，才能够保障工程质量，提高施工企业核心竞争力，最终实现企业经济效益最大化目标。另外，爆破作业作为建筑工程重要施工环节，为保障爆破工程安全，提高爆破工程管理水平，具有重要意义；在重要爆破过程中实施爆破安全监理，通过对爆破作业程序、爆破作业人员资格、爆破器材使用及爆破施工过程有效控制，达到安全实施爆破的目的。为此，加强对建筑工程的监理是现代建筑领域发展的必然要求，不仅能够提高工程项目管理水平，还能够更好地维护企业合法权益，从而促进建筑领域健康发展。

爆破工程中会产生很多的环境污染，这些给人类的生活带了危害。但是我们可以根据其产生的问题进行分析，并采取有效的绿色施工的措施来改善或者避免爆破过程中的污染。爆破施工开始前对施工进行合理的布置，并确保绿色环境设施的完善，同时做出醒目的标示，派专门的人员对施工现场进行整理。同时要确保施工人员遵章守纪，行为规范。此外，施工队伍还需要注意保持施工道路平整畅通，道路排水设施完好。现场中的风、水、电管线、通信设施、照明等布置整齐，标识清晰。规范施工机械设备定点停放，并保持材料工具摆放有序，车容机貌整洁，消防器材齐备、通道畅通。管理人员需要安排好合适的施工顺序，使得施工作业有序、工完料尽场地清，努力创建"绿色施工工区"。

第六节　浅基础工程施工

建筑行业的繁荣发展，为我国国民经济建设和社会进步做出了重要贡献，但层出不穷的施工安全和质量问题，促使公众对建筑浅基础工程有了更深层的认识。这就要求我们加强施工组织设计，严格遵守施工规范，以此充分发挥刚性和柔性浅基础施工技术优势和效用，进而提高施工质量和施工水平，打造高质量、高品质工程。

一、地基基础工程施工的特点

地基基础工程施工的特点十分多，在本节之中主要对于其复杂性、多发性以及潜在性进行分析。

（一）复杂性

我国具有一个非常值得骄傲的特点就是幅员辽阔，所以会有很多不同的地质情况，例如：黄土地、淤土地、冻土等情况，那么在进行开展建筑活动的时候，就需要对于这些地质条件进行考虑然后在开展建筑工作。在建筑支出，需要对于相关的地质进行调查之后在开展具体的工作。

（二）多发性

因为基础工程在施工的时候很容易因为质量低下容易出现一些房屋倒塌现象测出现，这些问题的发生主要是因为工程设计和具体的施工不匹配造成的，所以建筑工程的基础施工是非常重要的。

（三）潜在性

在建筑工程的基础之中，地基工程是其中的重要板块，在施工过程之中前部和后部是相对来讲较为复杂的，那么在这个板块之中进行施工的时候就需要针对其隐蔽工程的施工做出细致的检查，从而能够在后期的施工之中减少很多的工程问题。

二、地基基础工程施工的有效性

（一）重视工程勘查的准确性

在地质勘查报告中已经施工地的地质与水文情况充分体现出来，确保基础工程，避免出现完全事故。在对施工地的地质与水文进行勘查之前，需要了解到本次勘查工作的重点，根据施工要求的内容，明确指定勘查的任务与目的。尤其是对基础建设薄弱的地区，一定要进行勘查工作。

（二）提高结构设计的合理性

基础应该根据建筑物，结构的要求，并在网站上的地质条件进行设计，结合位点特异性，在应用和经济的背景下，以确保建筑物裂纹的主要承重结构，不会发生在正常使用或损坏设计师应该在工程勘察报告中建议值进行处理地基承载力，严格实用土压力的蓴础上计算，如果该调查报告的推荐值有疑问，做负载试验验证。

三、建筑浅基础工程概述

建筑基础工程的地基有天然和人工之分，前者是指可直接进行基础施工的天然土层，后者则需要必要的人工处理和加固。若以埋置深度为划分依据，还可分为浅基础和深基础，其中基础埋深在 5m 以下或小于基础宽度的建筑基础被称为浅基础，而且其平面尺寸与竖向尺寸大体一致，可以忽略侧面摩擦力对其承载力的实际影响；与此同时，建筑浅基础工程的结构形式、计算方法、施工技术也会因基础埋置深度差异而有所不同，常见的有柱下条形基础、扩展基础、筏形基础、联合基础、箱体基础等等，且各具特色和一定的适用条件，如柱下独立基础形式最为经济，也最为常用，其中壳体基础形式利于节约材料和造价；阀体基础形式可有效调整柱子沉降，增强抗震性能等，故在建筑浅基础施工时，必须紧贴实际，认真分析，科学选择，规范使用，唯有如此，方能发挥技术优势，提高浅基础施工质量。

四、建筑浅基础工程施工技术

（一）刚性浅基础施工技术

1.砖基础施工技术

该施工技术多见于温暖区域或干燥区域，主要涉及砖块选择—浇水湿润—基础放线—确定砌筑工艺—部署皮数杆—砖块砌筑以及后期清理等工艺流程，故有着施工简便、造价经济、可就地取材等优势。通常砖基础以上为基础墙、下为大放脚为特点，其中大放脚包括间隔式和等高式两种形式，且在砌筑时确保每个皮丁转与皮顺砖处于相间状态，同时相互错开竖向灰缝 60mm，并在交界处或者转角处，根据实际需要加砌 1/3 砖、半砖或 3/4 砖，若无法同时砌筑，则应预留斜槎；若砖基础有着不同的底面标高，建议砌筑时从低处着手，结合由高向低逐步搭砌，并尽量将搭砌长度控制在大放脚高度以上；同时选用饱满度大于80%的砂浆填充厚度小于10mm的水平灰缝，而在处理防潮层时，往往选用 1∶2 的水泥砂浆。

2. 毛石基础施工技术

该施工技术虽然常与砖基础共同用于浅基础工程，但其强度良好、耐水抗冻、经济合理，主要包括验槽、选材、放线、组砌以及清理等施工环节。由于其多是以砖基础底层形式出现的，所以需要选用饱满砂浆进行铺浆砌筑，并保持80%以上的沾灰面积；必须对首个皮石块进行坐浆处理，并使其大面一侧朝下，结合大的平毛石用于砌筑交界处和转角处；毛石砌筑期间，尽量保证内外搭砌，上下错缝，结构紧密，禁止先砌筑外侧后进行中间填心，选用过桥石、斧刃石或铲 121 石，以及出现石块相互接触等现象；针对较大的石块空隙建议依次进行填充砂浆和嵌实碎石，严禁工序颠倒；而在部署拉结石时，应根据基础宽度大小确定搭接形式和长度，如基于 400mm 以上的基础宽度，尽量使用内外搭接，并将其拉结石长度和搭接长度分别控制在 2/3 基础宽度和 150mm 以上。

3. 混凝土基础施工技术

混凝土基础多见于易受低温影响或较高地下水位的建筑浅基础工程，而这与其耐水、耐久、坚固、刚性角大、形式可变等特点有直接关系，但在施工中往往选用阶梯形或梯形基础断面，并将其台阶宽高比控制在 1∶1 ~ 1∶1.5 范围内；有时为减少大体积混凝土基础工程的混凝土用量，则会选择毛石混凝土这一混合基础，其中毛石体积应小于整个基础体积的 20 ~ 30%，粒径小于 300mm，基础高度大于 300mm，并在完成浇捣以及水泥终凝后，对外露混凝土进行覆盖保温、洒水湿润等养护操作。

（二）柔性浅基础施工技术

1. 柱下独立浅基础施工技术

矩形、阶梯形、锥形三种形式均属于柱下独立浅基础形式，而且其施工要点极为相似，即首先是在完成验槽后，及时清理基础表层上的扰动土、浮土、积水等，随后经振捣密实得到表面平整的混凝土垫层；其次是进行钢筋绑扎，此时需要在确定混凝土强度大于1.2MPa 的前提下进行表面弹线，以便规范绑扎，避免漏扣，其中柱插筋弯钩绑扎需与底板保持 45°，并分别在距离底板和基础顶 50mm 处分别绑扎第一道和最后一道箍筋；为防止柱插筋发生走样和变形，还需在浇筑定位筋后设置塑料垫块；再者是模板支设，具体可以使用木模或小钢模结合木方或架子管进行加固，若基础坡度小于 30°，可分别借助井字木架和 300mm 间距的钢丝网控制钢筋和混凝土移动；若大于 30°，建议支护斜模板，结合底板钢筋和螺栓防止其上浮，并在模板上部设置合适的振捣孔和透气孔；最后是混凝土浇捣，完成杂物清理、模板润湿后，则要予以分层浇筑，为确保钢筋定位准确，可先浇筑一层厚度为 50 ~ 100mm 的混凝土加以固定，并在浇筑完一层台阶 0.5h 后浇筑下一层，同时加以科学、均匀振捣，防止出现漏振、过振或振捣不实；待初凝后进行 7d 以上的常温养护以免引发裂缝，并在混凝土强度符合要求后规范拆除模板，防止破坏其棱角。

2. 墙下条形浅基础施工技术

具体而言，该类基础虽然有锥形板、矩形梁板以及锥形梁板等几种形式，但施工流程基本一致，如杂物清理、设置垫层、绑扎钢筋、安装模板、混凝土拌制和浇捣、后期养护以及拆除模板等，考虑到其与柱下独立基础施工特点十分近似，在此不再赘述，但除此之外，还有几点事项值得注意：当基础实际高度超过 900mm，应将柱子四角位置的插筋延伸至基础底部，至于伸出长度可通过计算柱子受力、分析钢筋规格决定，而其他的钢筋无特殊要求，只需达到锚固长度即可；若基础高度小于 900mm，则应将插筋延伸至基础底部中的钢筋网上，并使用直弯钩端部，以增强基础牢固性；同时还应密切注意钢筋模板、螺栓、管道、支架等移位、变形、走位等情况，以便予以及时加固和修整，为高效浇筑提供保障。

五、提高建筑地基基础施工质量措施

为了能够提高房屋建筑地基基础施工的质量，本节提出了几点可行办法，主要是：加强房屋地基勘察工作、合理设计地基基础的施工方案以及针对不同地质结构合理进行地基处理。

（一）加强房屋地基勘察工作

建筑项目基础工程建设对各项要求都比较高，因此在项目建设施工过程中需采用全面调查。为保证将项目的地面地质与水文信息全面反映出来，需要进行前期地质勘查工作，在施工地进行详细勘察地形地貌、地质与水文条样。根据分析，在预防房屋质量问题的基础上，需要结合建筑本身的结构设计与科学方法，制定勘查工作内容，在勘查结束后需要制定准确且详细的勘查报告。

（二）合理设计地基基础的施工方案

在设计住房建设项目时，设计师首先要对工程基金报表进行仔细研读，跟对报表中的参数与施工要求，制定出基础的施工方案与施工工艺。同时需要注意一点，不能完全通过地基承载力计算来完成调查报告，同时还是需要通过结构性压力负荷试验方式来检测报告的准确性，

（三）针对不同地质结构合理进行地基处理

在我国，因为地质问题很多地方的突然颗粒都属于直径在 1.6~2.2mm 之间的细沙或者粉砂，尤其是在一些较为特殊的低于，其含水量较低，从而就在监工工程之施工之中需要对其进行处理，主要有以下集中方式：第一种，强夯法。在软土地质情况下的施工时候，如果发现有必要对其进行处理，那么强夯法无疑是一种较为科学的方法，其施工方法简单，

速度快，成本也非常低廉，但是因为采用强夯法会产生一定的冲击波，就需要对于周围环境进行很好的加固处理。第二种方法，浅层法，这种方法的主要应用范围是：在松散的细沙方面，其具体的操作过程为：在基坑开挖到给定的深度之后，一般会进行铺沙，厚度在25cm左右，然后在相同的高度和混合沙进行注入，从而慢慢地达到沉沙的目的。第三种方法，振冲法，这种方法主要是通过土壤和水进行一起处理的方式，一般分为振冲和振动两种方式，在振冲方法之中需要在黄土区域之中进行石洞，将其进行振冲；震动方法则是需要添加沙土，让其像液体一样进行震动重新排列，从而减少其间隙，达到对其压实的目的。

进行建筑浅基础施工过程中，要规范施工技术操作，提高施工质量控制，促进建筑行业的发展。除此之外此文本着抛砖引玉的精神，希望能够通过简单分析引起大家的思考从而做出反馈，以便于形成交流沟通来实现建筑行业的进步。

第七节　桩基础工程施工

随着我国科学技术的不断发展和进步，各种各样的新型施工技术涌入房屋建筑行业，并在房屋建筑施工过程中得到广泛的应用，这极大地促进了房屋建筑行业的发展。由于现今人们的生活质量得到了普遍的提高，使得人们对于房屋建筑的建设要求也越来越高，这就需要房屋建筑行业不断地创新房屋建筑施工技术，提高房屋建筑施工质量，进而最大限度地满足人们对于房屋建筑的需求，同时促进房屋建筑行业的发展。在房屋建筑的实际施工过程中，房屋建筑桩基础工程作为整个房屋建筑工程施工过程的关键环节，唯有保障了房屋建筑桩基础工程的施工质量，才能够确保房屋建筑工程其他施工工作的顺利开展，这也就意味着加强房屋建筑桩基础工程施工技术的合理应用对于提高房屋建筑整体施工质量有着相当大的影响。那么如何加强房屋建筑桩基础工程施工技术的应用、提高房屋建筑桩基础工程施工质量就成了房屋建筑桩基础工程工作人员所着重研究的课题之一。

一、桩基础工程施工技术的概念

桩基础工程是房屋建筑工程中的一项基础工程，桩基础工程施工中地基的稳定性直接关系着整个房屋建筑工程的施工质量，并且与人们的居住安全之间有着紧密的联系，那么提高桩基础工程施工技术的应用水平，确保房屋建筑桩基础工程的施工质量达到相关施工标准就显得非常重要。桩基础工程施工技术指的是在房屋建筑工程施工过程中，通过对地基土体结构处理施工技术的高效应用，将桩基和承台进行合理连接，使得桩基础充当土体和上层建筑之间的连接，从而在提高房屋建筑抗震能力的同时，达到有效避免房屋建筑结构沉降的效果。桩基础工程施工技术在房屋建筑工程施工中的应用有利于提高房屋建筑工程的施工质量，能够有效避免房屋建筑结构沉降现象的发生，保障房屋建筑整体的稳定性，确保建筑的居住安全性，并且还有利于推动房屋建筑行业的进一步发展。

二、桩基础工程施工技术的应用

在房屋建筑桩基础工程的施工过程中，不同类型的桩基础适用于不同的施工场地土质条件，不同的施工情况需要选用不同种类的房屋建筑桩基础工程施工技术，因此需要在施工工作开展之前做好相关的施工考察工作，根据不同的施工情况来选用合理的房屋建筑桩基础工程施工技术。一般来说，在房屋建筑桩基础工程施工中需要根据土层条件、基础荷载量、周边环境和机械设备的使用四种不同的标准来选用合适的房屋建筑桩基础工程施工技术。比如如果房屋建筑桩基础工程施工场地位于土壤松散且潮湿的条件下，那么就必须要选用具有较好稳定性且能够起到一定固定作用的房屋建筑桩基础工程施工技术，而对于相对比较干燥的土壤条件，以上的这种施工技术就不能够适用于这样的施工土质条件，就必须要做出相对应的改变，针对这样的土质条件来选用与之相应的房屋建筑桩基础工程施工技术。另外在房屋建筑桩基础工程施工过程中，现阶段主要应用的施工技术有静力压桩施工技术、钻孔灌注桩施工技术、振动沉桩施工技术、人工挖孔桩施工技术等。不同的房屋建筑桩基础工程施工技术有着不同的应用原理和应用优势，适用于不同的房屋建筑桩基础工程施工情况下，那么这就也需要根据不同的施工情况来选用相对应的科学合理的房屋建筑桩基础工程施工技术。

三、加强桩基础工程施工技术应用措施

（一）制定详细的房屋建筑桩基础工程施工计划

要想加强房屋建筑桩基础工程施工技术在施工过程中的应用，提高房屋建筑桩基础工程施工质量，那么在施工工作真正开始之前，就必须要制定出详细可行的房屋建筑桩基础工程施工计划。对于施工计划的制定，首先要做的就是要对施工场地的地形地质进行全面的考察，并且还需要根据施工场地的水电情况来具体设计施工计划。另外由于房屋建筑中地基的施工难度较大且危险性高，所以必须要做好相关施工环节的安全保护工作，同时还需要做好施工原材料和仪器设备的购置工作，这将有利于施工工作的顺利开展。

（二）合理地选用房屋建筑桩基础工程施工技术

随着我国社会经济的发展和进步，我国的建筑行业不断地创新施工技术，近年来已经取得了相当大的进步。由于房屋建筑桩基础工程施工技术主要有以上几种，且每一种都有自身的应用优势，适用于不同的施工条件。因此房屋建筑桩基础工程在施工之前，就必须要进行施工场地的细致考察和施工情况的深入了解，从而选用合适的房屋建筑桩基础工程施工技术，以便于施工工作的顺利开展。这是因为一旦选用的房屋建筑桩基础工程施工技术与施工情况不符合，就极有可能会造成施工效率低下，甚者使建筑工程整体的施工质量

受到一定程度的影响，并且还有可能严重阻碍房屋建筑工程相关施工工作的高效开展。

（三）建立健全的房屋建筑桩基础工程安保体系

房屋建筑桩基础工程实际施工工作的开展非常复杂，并且一旦施工顺序出现错乱、某个施工环节发生施工故障或者桩基础工程施工技术应用不合理，就极有可能会影响房屋建筑地基的施工质量，以至于在施工过程中极其容易发生倒塌事件，导致一些工程事故和施工人员的伤亡。因此我国房屋建筑施工单位必须在房屋建筑桩基础工程施工的过程中，建立健全的房屋建筑桩基础工程安保体系，以严格规范工作人员的施工行为，进而提高桩基础工程施工效率和施工安全性，保障施工工作人员的安全。

（四）注重桩基础工程施工技术应用人才的培养

房屋建筑桩基础工程的施工难度系数较大，施工过程中对于施工技术的应用需要注意的细节非常多，那么这就对房屋建筑桩基础工程施工技术应用工作人员要求比较高，不仅仅要求工作人员具有较高的专业知识水平，而且还需要工作人员具备良好的职业素养。那么房屋建筑行业就必须要注重对房屋建筑桩基础工程施工技术应用人才的培养，在提高他们专业知识水平的同时，不断地提升他们的职业素养，培养他们认真负责的工作态度，进而为房屋建筑桩基础工程施工工作的顺利开展奠定坚实的基础。

房屋建筑桩基础工程施工水平的高低直接关系着房屋建筑整体施工质量的好坏，另外房屋建筑桩基础工程具有施工难度系数比较大、施工整体危险性较高等施工特点。因此在实际的房屋建筑施工过程中，必须加强房屋建筑桩基础工程施工技术的合理应用，提高房屋建筑桩基础工程施工质量和施工效率。另外在房屋建筑桩基础工程施工过程中，需要根据不同的施工情况选用合适的桩基础类型和合理的施工技术。针对这种现象，提出以下几点加强房屋建筑桩基础工程施工技术应用的有效措施，分别为制定详细的房屋建筑桩基础工程施工计划；合理选用房屋建筑桩基础工程施工技术；建立健全房屋建筑桩基础工程的安保体系；注重桩基础工程施工技术应用人才的培养等。

第八节　特殊土地基的处理及加固

一、特殊土地基的工程特性

（一）湿陷性黄土类型

黄土土壤是一种较为常见的沉积物，颜色偏黄，由细小的颗粒、粉粒组成，其分布范围较广。而湿陷性黄土是当黄土土壤在被一定压力的水分浸湿后，其结构性能便会被破坏，进而降低土壤的强度，在这种情况下形成的土壤便被称作湿陷性黄土。其种类又可以细分为非自重湿陷性与自重湿陷性两种情况，非自重性湿陷黄土在受水浸湿后不因自身压力而产生湿陷。

影响土壤湿陷性的因素包括众多方面，黄土中黏粒量的多少、胶结物与颗粒的组成分布情况等，都对土壤结构能否达到稳定致密有着决定性作用。再者，黄土中的盐类的类型也与湿陷性有着密切关联。当所含的为易溶盐时，黄土的湿陷性与敏感性较强，发生湿陷的情况也比较突然。当难溶盐的成分较多时，湿陷则会出现滞后的状况。此外，黄土湿陷性也与土壤的孔隙、受到的压力大小、含水量等条件有关，土体在天然孔隙越大、含水量越少的情况下，其湿陷性也越强。要是以这两项条件不变为前提，压力的增加也会使得黄土的湿陷性有所增加。但当压力超过一定数值界限后，湿陷性反而会随着压力增加而降低。

（二）液化土壤类型

液化土壤主要是土壤由固态转化为液态的后果，这种形态转变与孔隙水的压力增大与有效应力的减少有着重要关联。液化土壤的形成过程，主要是当松散的土层在遭遇震动时，土层中的孔隙水压力会随之提高，并在累积增高到一定程度后同上覆的有效压力达到同等数值，从而使其有效应力接近零。那么此时的砂土便处于液化的形态，也失去了抗剪强度。

引起土壤液化主要有地震、机械振动、爆破、打桩等动力荷载的直接原因，其中波及范围最广与影响力最大的，还是地震所能造成的液化。在十分严重的情况下还可能造成地基的不均匀沉降、建筑物的倾斜倒塌以及桥梁道路的垮塌等状况。液化土壤虽然对减震有着重要作用，但液化后的土壤却对地基建筑造成巨大的安全隐患，因此，对液化土壤的治理工作也成为抗震设计与处理路基中的关键性内容之一。

（三）盐渍土类型

盐渍土指的是易溶于盐且含盐量超过一定数量的土质。因此，此种类型的土壤构成中除了基本的土砾颗粒外，还通常包含了结晶盐成分。其中，难溶盐的性质较为稳定，而易溶盐则容易随着水分含量的变化而出现溶解或结晶的现象，当土壤发生体积膨胀时，也会对其内部结构产生重大影响。盐渍土在我国的分布范围也是比较广的，这些盐渍土往往还具有盐胀性、溶陷性与腐蚀性等特征。其中，盐胀性多发生在硫酸土质中，当硫酸钠的含量不足 2% 时，也不会对土壤产生明显影响。关于盐渍土中溶陷性的确定，则主要通过压缩性试验或浸水实验加以印证。当溶陷系数 $\delta \geq 0.01$ 时，则会出现溶陷现象，并且这种溶陷变形较之一般的湿陷性黄土土质来说，其变形速度与危害性也更为巨大。

二、特殊土地基的处理办法

（一）置换垫层的处理方法

置换垫层主要是在工程建设中，遇到地基软弱或地基条件不良时所采用的，利用性质较好的岩土材料或其他复合性材料，将地基中的弱土置换出来，以此达到减少沉降、提高承载能力的一种方法。其置换可通过工业废渣垫层、其他适合土质垫层、加筋土的垫层以及砂石垫层等手段以实现。在进行置换垫层时，可以按照建筑物状况与地基所开挖的深度，进行具体操作分析，以上材料在垫层过程中也各有其适用特点。例如，利用砂石材料垫层则不能适合运用在湿陷性黄土土质、具有动力基础、堆截面积过大的地基处理问题中，也不适用在地下水流量过大、流水过快的土层处理中。而土垫层的方法则可以对湿陷性黄土的土层进行较好处理，也能够对大面积的回填工作以及小、中型的地基处理起到重大作用。另外，加筋材料可针对不同工程项目的要求，采用合适的加筋材料，以此达到降低垫层压缩性的效能，起到隔水、防渗、预防水土流失等作用。值得注意的是，在利用工业残渣进行回填的过程中，需要对材料是否具有放射性和腐蚀性展开研究，当其满足无害条件时才能在道路、建筑地基、堆场的地基处理中加以使用。

在设计垫层时，需要对垫层的宽度与厚度进行把握，其标准垫层厚度应当由所要置换土层的深度或其下面土层的承载力决定。在完成垫层设计后便要对其展开施工，垫层的施工一般采取机械碾压、夯击压实或振密压实等方式。其中，机械碾压通常适宜面积范围较大的道路和填土工程中。夯击压实主要常见于粉尘、砂土或粉质黏土处理中；而振密压实则较多地运用在松散、无黏性土质或一些透水性较好的杂填土与工业废渣的施工中。

（二）化学加固的方式

化学加固方式就是将能够形成固体的浆液引入到地基的孔隙或裂缝之中，通过浆液的固化以此构成强度较大、结构紧密、防水防渗能力强和性质稳定的地基。化学加固主要包括灌浆法、高压喷射法与深层搅拌法三种措施。

灌浆法主要是通过利用液压、气压或电化学的相关原理，将具备固化性质的浆液注入孔隙中，经过浆液与土质颗粒之间的胶结，形成地基建造所需的增强体，完成将原土改变为复合型土质的效果，以此实现防渗防漏、加固地基的目的。高压喷射法是指利用钻机的喷嘴设置，将浆液注入土层的预设位置，这些喷射而出的高压射流随着高压冲击力破坏土体形状，从而形成预计的空间。那些喷射流也会逐渐凝固成具有强度的固结物，从而改变淤泥、粉尘、砂土、黏土、以及碎石土基的构成，以此达到改变、处理劣质地基的作用。深层搅拌方法主要是利用石灰、水泥以及其他类似材料充当"固化剂"，对其进行深层的机械性搅拌，使得原土与固化剂形成具有稳定性、统一性、强力性的复合土体。这种方法既对于各种软土地基能够同样适用，也可以在液化土壤的处理中发挥效力，具有超强的实用性。

（三）桩基础处理方法

桩基础处理是一种较为常见的处理形式，是由桩体与桩顶承台之间的相互连接共同组成的。其主要作用在于把荷载传送到基础较深的土层之中，以此保障变形与承载要求的实现。桩基础的承载程度又与桩体材料的自身强度与桩土之间的侧阻力、桩体自重有关。所以在使用桩基础时，应当运用单桩抗拔的静载荷实验作为标准，先由试验结果确定承载力度的安全范围，再由得出的结果作为处理依据。其中对单桩承载力的测试又包括了单桩的竖向承载力、单桩的竖向抗拔力、单桩的水平承载能力与桩侧的负摩阻力等内容，接下来还需要对群桩的承载力做出计算，这其中又主要包括了关于群桩竖向的承载力与沉降运算等方面的内容。

特殊地基的处理工作，不仅对建筑工程的质量起着决定性作用，同时也对环境建设的美观、和谐统一与否产生重要影响。虽然以上的处理办法已经在施工中得到广泛应用，并取得了积极效果。但在具体实践中，仍旧需要技术人员不断加强探索与联系实际的能力，以此获得更加简单、高效的处理办法，从而促进建造任务得到更为圆满的实现。

第三章 钢筋混凝土结构工程施工技术

第一节 钢筋工程施工技术

当前是国民经济全面发展的高速期，而我国房屋建筑工程同样是取得了斐然的建设成绩。并且从某些方面来看施工技术同样得到了前所未有的革新和发展，但在此之中的关键内容便是钢筋工程稳定性良好与否，通过钢筋技术的应用不单可以确保钢筋工程整体稳固性，还可以用更少的物料及人力成本，很好的对房屋建筑工程整体加以优势利用，完成更多建设任务。同时通过科学化的施工手段，促进了工程施工达到更为理想的效果。因为上述内容将钢筋技术优点彰显无遗，所以该项技术由 20 世纪 90 年代起便得到房屋建筑工程领域极大程度的应用及推广，而且所取成绩斐然，更加显示了其未来更加长久的应用价值。

一、房屋建筑常用钢筋工程的施工结构

房屋建筑施工过程中，对于钢筋进行施工阶段，日常使用结构形式是多种多样的，其中包括简体、剪力墙、钢混结构以及高层建筑框架结构等，这些便是几种比较常见的钢筋施工结构。

二、房屋建筑钢筋工程技术的重要作用

最近几年时间，伴随国民经济的全面发展建设，以及国家社会的快速向前发展，我国房屋建筑工程数量也在不断地激增，可以说这对国家建设事业整体发展而言，都是十分难得的发展机遇，但世界上没有什么事是只存在有利一面，不存在不利一面的，机遇的背后也往往是潜藏着挑战与阻碍的，施工项目的日趋复杂化与烦琐化，也为房屋建筑钢筋工程增添了更多施工困难。而要想使房屋建筑钢筋工程施工水平全面得到提高，就务必要确保在房屋建筑工程中应用科学有效的钢筋技术。原因是结合必要的钢筋技术，不仅钢筋工程施工质量会明显提高，而且房屋建筑整体的建设水平也会大幅提高，但相对的应用此施工技术也会使施工时长相对变得更久。

三、房屋建筑钢筋工程施工技术及要点

（一）施工准备

首先，结合以往房屋建筑与钢筋施工环节出现的问题，我国相关政府部门已有建筑法、住宅建筑规范等法规细则相继出台，为此房屋建筑施工有关领导人员就需要为所有施工者宣传此类法规条例的内容，促进钢筋工程建设与施工能够按照法定章程运行；其次，还应不断对钢筋施工人员能力与素质不断加以培养。在钢筋施工阶段，如果施工者具有较强专业素质，那么对于钢筋施工过程和其在房屋建筑中正常发挥工作效能，都将是非常有利的。通过加强有关施工者专业素质技能的培养，可以打好房屋建筑钢筋工程技术应用的基础。因此就要求在施工先期准备阶段针对全部施工者做好专项技术与岗位培训相关工作。

（二）做好梁板焊接施工工作

可以说梁板焊接施工，在所有施工环节中都占据着不可替代的重要位置，因而针对该环节进行施工务必应严格遵照施工规范操作，不可以随意性施工，不论是焊接具体参数、焊条还是焊接工艺均需满足设计规范的要求，确保施工程序的合理化与完善化。首先，针对接头设置方面。用接头衔接和原本不用接头衔接的部位会表现出比较大的不同，无论是涉及负荷能力或是外观情况，均有不同的表现。所以，针对受力进行安排时，就需要将接头置于不会承受太大力量的位置上，以给钢筋工程平均受力打好基础，还有，想要确保有效受力得到增加，就不可以把钢筋接头放在一起，而需要将其错开；其次，针对焊接工艺。在这一层面上先是应当按照具体施工要求对焊接位置、直径与使用方法进行选择，继而进入到焊接过程中，需要格外注意主筋平滑与完整性，尽量使人为操作不会对主筋形成损伤，焊在一处的钢筋彼此间紧密地结合在一起。

（三）工程施工过程质量与进度的融合

施工方为房屋建筑工程的直接建设者，因此施工者会直接对整体施工质量构成影响。而且不单仅是施工一方，有时给施工方提供设备、材料抑或运输等的间接方，对于工程建设水平同样会构成影响。所以，可见加强各环节监理是何等重要。实际施工阶段，工程实际建设情况与预期质量存在差异也是较常发生的事。但却也有部分施工人员只是盲目希冀工程进度更快，却对工程建设质量充耳不闻。如果有这种情况发生，那么就要求相关监理人员要按照法律规范，针对工程质量制定恒定依据，并使该标准对工程建设给予指导，以循序渐进开展房屋建筑建设工程，确保钢筋工程技术的合理化及标准化应用，最终实现在保证工程建设进度情况下，工程建设质量也能够得到大幅提高。

（四）钢筋加工技术要点

钢筋加工即依据施工需要来处理钢筋的原材料，以保证钢筋应用情况满足整体防务建

筑建设需要。所以，针对钢筋进行加工，要求施工者以设计图纸为依据，遵照规范严格执行。此外，项目经理需要严格审核钢筋的配筋单，在下达批准口令以后加工人员才可开始加工，同时参照施工现场情况对加工场地予以确定，这样既可以给施工环节提供便利，同时又不会给施工带来阻碍。而且钢筋整个加工过程都需要专业加工技师完成，操作技师需要确保钢筋的尺寸规格均符合加工应用标准，为钢筋接下来的应用做好铺垫。

（五）钢筋防护层的加工要点

进行钢筋施工，旨在扩大房屋建筑承压范围，所以应在房屋建筑梁下放置钢筋防护层垫块，并在房屋建筑工程施工设计过程中严格限定垫块的安装部位与厚度，在安装完毕后还要对其质量进行稽查。需要特别注意的是，施工标准不同，垫块的厚度也应是不同的，不可以笼统大意。除此以外，对于垫块的铺设务必确保精准，不然将很有可能造成墙柱和梁板施工的缺陷。

（六）施工保护技术要点

做好施工保护工作，主要是为保障施工者操作的安全性。通常情况下，基础底板基本由两重的钢筋网负责，而为确保上下两层钢筋网所处位置是科学安全的，就应把混凝土或钢筋等物体置于上层的钢筋网中进行支撑，选择好物体后，再用撑铁板撑立上层位置的钢筋网即可。

四、房屋建筑钢筋锚固中应注意的问题

钢筋锚固长度必须依照施工图纸进行施工，在图纸表达不清晰和未标注的区域，应及时向设计人员咨询并记录。在钢筋工程的施工过程中，钢筋锚固要求如下：

（一）框架梁或连续梁支端支座

框架梁或连续梁中，下部受纵向力的钢筋一般会插入支座，其插入支座的锚固长度是具有一定标准的。一般来说，月牙纹钢筋的插入锚固长度要大于钢筋直径的12倍，光面钢筋的插入锚固长度大于15倍，螺纹钢筋的插入锚固长度大于直径的10倍。上部受纵向力钢筋也会插入到支座内，其插入的锚固长度同样有相应的标准，一般情况下，一级钢筋的插入长度要大于直径的35倍，二级钢筋的插入长度要大于直径的45倍。

（二）框架梁的端节点

在框架梁的上部受纵向力的钢筋长度应过节点中心线，当横向锚固长度较短时，应在节点处向下弯折，但要保证弯折后的其纵向锚固长度大于十倍的直径长度，同时还要保证其长度不超过22倍直径的长度。在对框架顶层进行施工时，要注意角节点部位的梁钢筋需要与柱框架进行搭接。施工的着重点应放在对钢筋弯曲半径的精密控制上，其弯曲半径应保证控制在施工使用标准范围内。当要制作以15倍钢筋直径为弯曲半径的钢材时，要

注意控制的进准度，一定要按相关要求制作。

（三）钢筋的接头问题

在进行钢筋连接施工时，应优先采取使用焊接接头的方法。在施工工作中还应该注意钢筋接头错位现象的发生。使用非焊接方法进行接头时，应保证其位置在焊接接头位置处的钢筋直径 45 倍的距离区段内，且保证其长度不超过 550mm，一般情况下，使用绑扎方法的接头不得超过总接头的一般。在钢筋统一进行断料时，应注意到钢筋之间的相互错位现象。另外，钢筋弯折位置与钢筋接头位置的距离应保证在钢筋直径的十倍长度以上。在遇到主要受拉力作用的搭接钢筋时，箍筋之间的距离应保证在钢筋直径的 5 倍以内，并且不超过 100mm；当遇到主要受压力作用的搭接钢筋时，箍筋之间的距离应保证在钢筋直径的 10 倍以内，并且要保证长度不超过 200mm。在对接头处使用钢筋焊接的方法时，应优先选用双面焊缝的方式。其方法是使钢筋进行前期的预弯，然后在水平面上进行拼接，这个过程中关注预弯的角度是否达标。

（四）其他应注意问题

①一般情况下，框架结构中的柱梁交叉核心区具有密集的钢筋分布，给施工带来了很大程度的阻碍，使施工困难上升，柱框架中的箍筋的漏放问题依然严重，这种情况会降低结构抗震和抗侧向变形的强度。如果用两个半边箍筋代替柱结构中的箍筋，可以很大程度上降低施工难度和解决漏放问题。

②针对锚固筋的漏放问题，部分企业选择凿出主筋，再进行电焊锚固，这种施工方法对结构造成极大的破坏，并且在焊接时会烧伤主筋，对施工质量造成极大的影响，这种施工方式是不允许的。

③在针对偏心受压柱进行配筋时，在缺少相应的钢筋需要进行替换时，必须按照全截面钢筋进行替换。同类钢筋的选用替换的直径相差不能超过 5mm。钢筋成型绑扎自身是隐秘工程，因此相关部门应加大对此的监督管控力度，否则在钢筋安装完成后发现存在的问题，不但难以解决，还会延误工期，给建筑工程带来巨大的损失。

（五）严谨有序的施工秩序

在钢筋工程的施工过程中，往往会具有复杂的施工工艺与技术，从前期的钢筋加工制作到钢筋的绑扎安装施工都是具有一定的施工顺序的，当任意一项顺序被调动都会影响到施工的质量，因此施工人员必须严格按照标准的施工工序进行施工。特别是对于钢筋结构复杂多样的钢筋施工节点位置，必须严格按照设计人员给出的施工顺序进行分步绑扎、焊接接头、安装，以严谨的态度换取较高的施工质量。并且要求施工监察工作人员要定时对建筑钢筋工程项目的进度和质量进行检查，并且根据实际施工的进度分析安排接下来得工作。在钢筋施工过程中要极力避免为提高施工效率，进行对钢筋施工的标准顺序更改的行为。建立良好钢筋施工环境，提高钢筋工程的施工质量。

（六）对钢筋施工成品进行保护

在钢筋的施工过程中，对于已完成的钢筋项目，应实施相关的成品保护措施。当今部分施工单位在对已完成项目的钢筋管理不到位，相关的钢筋保护制度不完善。在实际施工时，经常发生严重踩踏完工的钢筋，是完工的钢筋件的质量受到严重的影响。因此施工单位应建立完善钢筋保护措施，并且应尽快落实在施工现场，建立安全通道，在最大程度上避免施工人员对完工钢筋结构造成破坏。

五、房屋建筑钢筋工程施工监理

（一）建筑钢筋工程质量监理的方法

1. 见证取样

见证取样的质量主要关系到建筑结构的安全，见证取样的监管办法主要是对建筑工程施工的钢筋材料进行检测。相关部门也具体规定了见证取样的方法以及具体的标准，因此，见证人员应该严格按照规定对钢筋材料进行检测，保证钢筋材料合格，构建结构安全的建筑。

2. 平行检验

平行检验是监理机构对施工现场做二次审核的监管方法，也就是说，它在施工单位利用各种方法对施工中的钢筋材料做了检查之后，监理部门又通过自己的设备，在建筑施工单位自检的基础上，对施工过程中的钢筋项目进行二次检测，当然也可以使用施工单位提供的设备，只要设备能正常地使用，能满足检测的要求，就可以投入使用。平行检测一般是在施工单位检测之后进行的，但是也可以和施工单位同时检测。

3. 旁站监理

上面讲到的抽检和平行检验对建筑钢筋工程质量监理来说还不够，还需要将监理具体到施工的全过程，保证施工过程中的每个环节的钢筋工程都能做到质量保证。旁站监理可以对施工的全过程进行监管，也可以在施工的某个环节进行监管，但这都是对施工现场进行实时检测的，这样在施工过程中能及时发现施工过程中钢筋工程中存在的问题并针对这些问题做及时地调整，保证整体建筑的施工质量。

（二）建筑钢筋工程监理的措施

1. 完善质量监管法规

随着建筑规模的不断加大，应当加大对建筑的监管。但是我国对建筑钢筋工程质量监理的相关法律法规还不够完善，因此，要针对建筑工程发展的实际情况制定相关的政策，当出现一些严重的钢筋工程质量问题时，应当找到具体负责单位或者具体负责人，并且运用法律手段惩罚有关的机构或者单位。再者，相关的法律法规要跟上建筑钢筋工程发展的脚步，减少发生法律空白情况。另外，对于建筑钢筋工程中所用到的技术手段以及钢筋材料都要有一定的国家标准，让施工方按着标准进行施工，保证整个建筑工程的质量。

2.控制好钢筋材料的质量

影响建筑钢筋工程质量的最主要部分就是钢筋材料，目前市场上钢筋材料的种类较复杂，但是钢筋材料的质量好坏以及合适与否会影响到建筑的整体质量。在施工的过程中杜绝偷工减料的问题，对施工过程中所用到钢筋材料要采用相关标准定期抽查，及时的排除一些不合格的钢筋材料投入使用，监理方一旦发现施工单位采用不合格的钢筋材料，在禁止这些材料使用的同时，也要检测已完成工程部分，检查是否已经使用了不合格的钢筋材料，一旦发现有疏漏或者是不合格情况，必须让施工单位进行整改。并且，对使用不合格钢筋材料的施工单位要采取一些惩罚措施，防止再次出现不合格的钢筋材料。

3.严格控制钢筋工程施工质量

首先，在施工企业方面，应该严格把关，作好钢筋工程施工过程中的监督工作；另外企业应该给钢筋工程施工人员做质量标准理念的灌输，制定施工标准准则，让施工人员严格按照标准进行施工。在施工完成后进行验收时，验收人员应该严格把关，防止不合格的工程投入市场。总之，监理工作人员要为了建筑工程的发展，要加强对建筑钢筋工程施工的监理，做好质量把关。

4.做好钢筋制作的质量控制

在制作钢筋之前，相关的监理员、技术施工负责人等都要对钢筋工程进行专项监理交底。并且监理工程师应该采用平行检验等方法加强对钢筋加工质量的检验，特别是对实样下料及加工质量的准确性进行检查，对钢筋制作检查质量控制的内容主要有以下几个方面：

第一，有效检查柱、梁、墙及板主筋的直径、下料长度等。对 HPB2235 级钢筋成型的箍筋进行随机取样，保证尺寸的误差要控制在 5mm 以内；

第二，有效控制吊筋的弯曲角度。相关的施工人员要在水泥地面上弹出该梁吊筋尺寸墨线，首先将一根样品成型，然后将其放在墨线上进行对比，这时要检查吊筋的弯起角度是否能达到设计的要求，如果符合要求，就根据样品进一步的加工制作。

第三，受力钢筋的弯钩和弯折。对于 HPB235 级钢筋末端要做 180° 弯钩，其弯弧的内径应该大于钢筋直径的 2.5 倍，如果弯钩的弯后平直，这部分的长度应该大于钢筋直径的 3 倍。

第四，钢筋的除锈。要根据钢筋的腐蚀程度选择科学的除锈方法，一般有钢筋除锈机除锈和酸洗除锈等。通过这些有效的监理要保证钢筋成型正确以及钢筋加工的质量。

5.焊接的质量情况验收规范。

第一，电弧焊接头：在选择焊条、焊接等工艺时，要检查这些工艺是否能够符合钢筋的级别、接头型式以及焊接位置；当焊接完成后，要对焊缝表面进行检查，保证其光滑平整，杜绝有较大的凹陷出现。并检查焊瘤中是否有裂纹、气孔等。

第二，电渣压力焊接头：监理工程师要系统的检查施工工艺、电流、焊条、焊剂等，检查焊接好的接头的外观，实际测量焊接头的四周焊包凸出钢筋表面的高度，保证其大于4mm；并且检查焊接接头处的钢筋的弯折角度和偏位情况进。

质量安全是建筑行业的基本要求，因此在建筑钢筋工程的施工过程中应按照相关规范进行施工，严格把控质量关卡。同时，钢筋工程的工作人员应以上文为参考，认真核对施工过程中应该注意的事项，并且有针对性地制定预防措施，从而达到提高钢筋工程施工质量的目的。

第二节　模板工程施工技术

在我国的建筑工程施工建设的过程中，有很多的基础工程施工环节，这些施工环节只有在技术上以及质量上有很好的保障，才能够有效的保障我国建筑工程的施工质量以及使用寿命。在实际的建筑工程施工的过程中，我们要针对不同的施工要求以及施工环境进行恰当的模板施工体系，只有这样才能够有效的提升模板施工的施工效率，提升模板工程的施工质量，保障模板施工在施工过程中的安全性以及稳定性，实现建筑工程施工过程中的经济最大化收益。在实际的模板工程施工的过程中，我们主要就是根据建筑工程混凝土施工结构以及构件的具体施工设计要求，来针对具体的尺寸以及施工摆放位置进行的模板成型施工作业。在建筑工程施工的过程中，模板工程在施工量上占据着非常大的比重。在建筑工程混凝土浇筑以及混凝土成型的过程中，最不可或缺的一项施工技术就是模板工程施工技术，在实际的施工过程中模板工程的施工技术主要就是要保障建筑工程施工的结构尺寸以及相应的形状，保障构件的尺寸以及相应的外形按照施工设计图进行施工，同时模板工程的施工技术还能够在很大程度上保障建筑施工的位置准确。

一、模板工程的主要特点

基于模板工程施工的重要意义，因此我们在模板工程施工的过程中主要有3个特点要求，首先是模板工程在施工的过程中要保障模板的施工强度以及施工刚度达到设计施工的要求，其次模板工程在施工过程中要保障模板施工的稳定性能，其次模板工程在施工的过程中要便拆卸施工以及安装施工，最后是模板工程在施工的过程中要保障施工表面光滑并且整齐，连接处要保障密封性，防止施工过程中出现泄漏以及渗漏的问题出现。

二、模板工程施工内容

（一）在我国模板工程施工过程中的具体施工要求

1. 模板工程施工过程中的质量要求

在我国的建筑工程施工的过程中，混凝土的结构施工在很大程度上的质量保障以及稳定性以及安全性的保障都是依赖模板工程的施工质量。为了有效地提升建筑工程的施工质量以及建筑工程的施工进度，我们在模板工程施工的过程中有 4 个非常具体的施工要求：首先就是我们在模板工程施工的过程中要有效地保障构件的安装位置以及混凝土施工结构的位置以及尺寸准确，这其中包含了施工的标高，施工的位置以及施工的截面尺寸等，这些模板施工尺寸要求要完全的按照具体的设计施工要求来进行，同时在施工的过程中还要对施工图纸进行必要的复核，保障施工图纸能够完全适应并且达到现场的施工条件要求。其次是我们在模板施工的过程中要对模板工程的强度，模板工程的施工刚度，模板工程的稳定性进行有效的保障，主要的保障点在于要保障模板工程能够有效地承担混凝土浇筑施工中的侧压力，保障混凝土承受的外在载荷能够有效地通过模板工程的施工来实现并且转化。这一方面的施工技术要求就是要求我们的模板施工工程在混凝土振捣以及浇筑等施工过程中能够有效地承受外加力的存在，能够不出现变形或者是破坏的问题。模板工程在施工的过程中要保障构件不出现变形或者是位置移动的问题，要在混凝土施工的过程中，构件的平衡性不受到破坏。很多的时候在模板施工的过程中由于模板材料的强度以及刚度不够就会造成模板以及构件出现破坏的问题，这一点我们在模板施工的过程中要给予重视并且尽量避免。再次是在模板施工的过程中我们要保障模板的拆装灵活性，要在模板工程应用的过程中满足混凝土浇筑以及钢筋绑扎施工以及混凝土养护等施工的技术要求以及性能要求。

2. 模板工程施工过程中的成本要求

目前由于我国的建筑工程大量的在实施的过程中，因此我们在模板工程施工的过程中要求模板工程工厂化、统一化、机械化，这样能够最大限度地降低模板工程的施工成本，降低模板工程的材料使用。同时模板工程的拆装方便还能够有效的提升模板工程的施工效率，提升建筑工程的施工进度，降低施工的劳动强度；最后是我们在模板工程施工的过程中要保障模板的严密性能，在模板拼接的过程中要保障接缝处的施工质量达到相应的要求，在这一方面我们要针对不同的模板工程施工条件采取不同的措施来保障以及处理模板施工过程中的连接缝问题，例如目前较为常用的保障连接缝质量的措施有应用塑料布或者是薄铁片等措施。这些措施在实际的应用过程中都能够起到非常好的防止连接缝不达标的问题。

（二）在我国模板工程施工过程中的主要模板施工体系

目前在我国的建筑工程施工中，模板工程的主要施工体系有 3 种，首先是模板工程的永久性施工体系，其次是模板工程的工具式施工体系，最后是模板工程的组合式施工体系。在这3种施工体系应用的过程中由于年代的限制，起到的作用也有一定的区别，但是在实际的使用过程中每一种施工体系都能够很好地满足模板工程的施工要求，因此我们在实际的模板施工过程中要针对现场的施工要求以及施工的效果进行模板工程施工体系的选择和应用。

（三）在我国模板工程施工过程中的早拆模板施工技术

建筑工程模板施工工序为：垫层模板→基础梁模板→构造柱模板→柱模板一墙板模板→圈梁模板→梁模板→楼板模板→楼梯模板。对于垫层模板而言，其基础的高度不高，但是体积很大，安装模板前必须准确核实基础的中心线以及标高，事先弹出轴线和四周边线，根据边线尺寸将侧面模板对准，并且在校正模板垂直度以及标高之后，用支撑将模板固定，用以维持模板的稳定度。模板安装完毕之后，必须清扫杂物，复查模板的尺寸、标高等指标是否达到设计要求。除了上述的3个模板工程施工特征之外还有另外的两个施工特征也相对而言较为重要，例如在我国模板工程施工过程中新型模板施工技术中应用的面板特征和在我国模板工程施工过程中针对高层建筑采取的专用爬升模板施工技术

四、模板工程施工技术

要更好地理解模板工程施工技术，首先要对模板工程有一定的认识，在建筑工程施工过程中，往往需要使得新浇筑的混凝土成型，而要使其成型，就需要应用到模板以及支承模板等一整套构造体系，所谓的模板工程，就是指的制作、组装、运用及拆除在混凝土施工中用以使混凝土成型的构造设施的工作。而模板工程施工技术就是对于模板进行制作、组装、运用以及拆除时所使用到的技术。模板工程施工技术在国内外已经有接近五十年的应用历史，而且也已经由最初的定型木模块和散支木模板发展到了现在的钢模板等新型的模板技术，同时模板工程施工技术也在进一步的走向标准化。对于模板工程质量造成影响的因素非常多，而其中最为主要的就是模板工程施工技术。

（一）注重模板的配置

在进行模板工程施工的时候，需要对于模板工程施工技术加以合理的应用，而模板工程施工技术往往包括许多的环节，在众多的环节之中，模板的配置是最为基础的一个环节，但是同时这也是一个非常重要的环节，对于整个模板工程的施工质量有着非常重要的影响，所以说必须要对于模板的配置引起足够的重视。在进行模板的配置时，必须要严格按照施工方案来进行，同时对于模板的配置必须要符合设计图纸的要求，而不能够仅仅以经验作为配置的依据。只有合理地对于模板进行配置，才能够保证模板工程施工的质量。

（二）提高模板施工的要求

在对模板施工技术加以应用的过程中，还需要注意提高模板施工的要求，对于模板施工的要求加以提高，不仅仅有助于保证建筑工程的质量，同时也有利于施工的安全。在进行模板施工的时候，必须要注重模板施工安全技术，对于相应的安全规范加以完善，从而有效地防止安全事故的发生。对于施工人员而言，在进行模板工程的施工时，也必须要做好相应的安全措施。同时为了有效地预防模板出现坍塌的情况，必须要注重对于模板材料以及承载材料的检验，确保其质量和规格符合模板工程的要求之后，才能够对其加以使用。在完成了模板的安装之后，必须要对模板之间的缝隙进行有效的处理，以预防在混凝土浇筑过程中出现漏浆的情况。

（三）加强模板施工的验收

在完成了模板工程的施工之后，还必须要对于模板施工进行有效的验收，模板工程的验收对于模板工程的质量有着非常重要的影响。在对模板工程进行验收的过程中，必须要对于模板结构进行严格的检验，检验结构是否符合设计的要求，各项尺寸是否存在偏差。同时还需要对于钢管材料的强度和刚度进行检验，因为钢管材料的刚度和强度对于模板结构的稳定和混凝土的浇筑都有着非常重要的影响，所以其刚度和强度都必须要满足设计的要求。最后，还需要对于螺栓进行检验，检查螺栓是否拧紧，如果没有拧紧，必须要将其拧紧，避免对混凝土的浇筑造成影响。在完成了对于模板工程的验收之后，才能够继续进行混凝土的浇筑。

五、模板工程施工技术应用问题

（一）模板材料及承载材料的问题

在对模板工程施工技术加以应用的过程中，模板材料及承载材料往往对于模板工程的质量有着较为严重的影响，如果模板材料或者承载材料的质量出现了问题，在对模板工程施工技术加以应用的过程中，就会使得施工的质量不能够得到有效的保证，比如说钢管的直径不满足要求，或者是扣件顶托的厚度不满足要求，都会对于模板工程施工技术的应用造成影响，进而影响模板工程的质量。所以说模板材料以及承载材料都会对模板工程施工技术的正常应用造成影响。

（二）模板配置存在问题

在对模板工程施工技术加以应用的过程中，模板配置也是一个非常重要的影响因素，因为模板的配置是一个非常烦琐的过程，如果在配置模板的过程中出现了任何问题，都会使得模板工程施工技术不能够得到有效的应用，而影响模板配置的主要因素就是来自于施工人员。比如说一些施工人员在进行模板的配置时，仅仅按照自己的经验，而没有严格按照图纸的要求来进行配置，这样就十分容易使得模板的配置出现偏差，而如果模板的配置出现了偏差，就会进一步影响模板工程的质量。

（三）技术方案的不合理

模板工程是一项系统化程度非常高的工程，所以在进行模板工程施工的过程中，需要对于模板工程施工技术加以有效的应用，而在应用模板工程施工技术的过程中，需要先制定科学合理的技术方案，然后严格按照相应的技术方案来进行施工。但是当前在许多建筑工程的施工过程中，往往没有制定合理的模板工程施工技术方案，对于模板工程施工技术方案的制定往往只是为了应付检查，这样的技术方案往往不能够对于实际的施工起到指导作用，所以使得模板工程施工技术不能够得到有效的应用，模板工程的施工质量也受到严重的影响。

六、模板工程施工技术实际应用

在进行建筑工程模板工程的施工时，一般的施工工序为先进行垫层模板的施工，然后进行基础梁模板的施工，接下来进行构造柱模板的施工，然后再安装柱模板和墙板模板，接下来进行圈梁模板和梁模板的施工，最后进行楼板模板和楼梯模板的施工。在进行垫层模板的施工时，由于建筑工程基础的高度往往不高，但是其基础的体积往往非常大。所以说在进行模板的安装之前，必须要先对于基础的中心线以及标高进行有效的核实，在核实了基础的中心线以及标高之后，在模板安装之前先弹出轴线和四周的边线，从而便于垫层模板的安装。在进行模板的安装时，必须要依据边线的尺寸来将侧面的模板对准，在对准了侧面模板之后对于模板的垂直度以及标高加以校正，然后通过相应的支撑来对于模板进行固定，从而使得垫层模板保持稳定的状态。在垫层模板安装完成之后，必须要对于杂物予以清除，然后再次对于模板的尺寸以及标高进行复核，检查其是否满足设计的要求。对于基础梁模板的施工而言，当基础梁底的土方被压实之后，一般采用砖砌胎模，并且要按照设计要求配置相应的水泥砂浆，从而有利于混凝土的浇筑。而在对柱模板进行安装的时候，由于建筑物柱的特征是尺寸较小，但是其高度往往非常高，所以说在对柱模板进行安装之前，必须要事先弹出交叉纵横线以及边线，先安装与柱断面长边一样的板，然后再安装与柱断面短边尺寸一样的板，然后将其进行拼装，组合定型成为模板。在对柱模板进行固定时，由于模板的高度往往较高，而且所使用的模板也较多，所以一般在两块板相互接触的地方要加上海绵条，从而有效地防止在进行混凝土浇筑时出现漏浆。而在柱模板的底部，应该开有清理模板内杂物的清理口，在模板的外面还应该加设柱箍将模板箍牢，一般柱箍的间距应该保持在45cm。在进行柱模板的安装时，应该首先搭设好井字形钢管架，搭设并且固定好钢管架之后才能够进行模板的安装。

而在进行墙体模板的安装时，一般都是采用两侧模板拼装的方式，首先通过基层的中心线来找出两侧墙体的边线，然后再将侧模对准相应的边线，并且对模板的垂直度和标高加以校正，然后再用斜撑以及支撑钉将模板固定，并且还要依据模板的实际情况来进行穿心螺杆的安装。而梁模板的跨度往往较大，但是宽度不大，所以说建筑工程中的梁模板一般都是由侧模、底模、夹木和支撑四个部分所组成，对于梁模板的安装也需要先确定边线和中心线，然后再依据边线和中心线来对模板进行安装和固定。

七、模板工程施工质量存在的问题

改革开放实施多年，我国整体经济得以稳步增长为建筑模板工程施工行业的发展带来广阔的空间，与此同时在国内建筑施工技术发展随着今年来涌现的科学技术迅猛发展的步伐也变得多元化，建筑模板工程中的施工质量控制对建筑模板工程施工行业的发展有着重要的影响因素，故此社会上对于建筑模板工程中出现的质量问题的关注度也在逐年增长，目前建筑模板工程施工质量管理中主要存在有以下几个方面的问题。

（一）没有科学系统的管理模式

就现阶段而言建筑行业中的建筑模板工程施中的工质量管理模式太过于笼统，而且其技术水平也比较低，就目前此阶段的建筑模板工程的施工质量管理模式已经无法满足社会中建筑行业的发展与建筑模板工程施工质量管理的基本要求。

（二）专业质量控制人员的综合素质较低

专业质量控制人员素质较低，建筑企业中这一方面的人才过于匮乏，人才结构不能适应建筑模板工程施工质量管理的需要，使得建筑企业真正需要的建筑模板工程施工质量管理技术无用武之地，再加上目前建筑施工行业中工程质量管理技术方法过于简单，而对于工程施工中多元化的过程施工技术要求，传统的专业技术手段已经达不到施工技术要求。没有明确的依据建筑模板工程施工质量管理依据标准，以及控制管理人员缺乏相关的法律法规素质教育，让建筑模板工程施工质量管理技术无法可以真正实施起来的重要影响原因。

八、模板施工对工程质量的影响

（一）模板支撑体系变形或下沉

导致混凝土构件底部不平整，构件弯曲或者塌陷，严重时必须通过返工处理，并且在后期装修的过程中带来许多困难。这种变形会使混凝土内部受力钢筋发生移位，钢筋骨架受力筋间距、锚固性能随之改变原有状态，对结构构件的承载能力产生不利影响。

（二）模板工程质量导致的混凝土缺陷

模板工程质量出现问题导致的混凝土缺陷有蜂窝麻面、开裂、孔洞、表面裂纹、气孔、露筋、跑模、施工缝漏水等。在工程施工中，出现以上的问题，要及时采取有效措施进行处理，以保证工程的质量。通常采取的方法是对有缺陷部分的混凝土进行剔凿、修补、重新浇灌，而这些方法会给混凝土构件形成以下一些危害：

1. 混凝土表面剔凿过多使保护层厚度不足，甚至使箍筋、主筋外露；

2. 剔凿时，在保护层混凝土的粗骨料表面形成微裂缝，保护层作用随之降低；

3. 使混凝土与受力筋粘接处产生不同程度剥离，钢筋与混凝土粘接性能受到影响，耐久性随之降低。

（三）模板拆除不当对混凝土构件的影响

有的工程为了节省模板等材料，采取加快模板周转速度，会在上层楼面混凝土还未浇筑便将相邻的下层模板及支架提前拆除。从而破坏了模板支撑系统受力状态，使得上部各种荷载重新分配，偏离了原设计要求而导致事故。当发生在后浇带部位时，将形成悬臂构件，使构件出现裂缝甚至断裂。拆模过程中模板对构件冲击或集中堆载，也可导致混凝土构件出现裂缝。

（四）提高建筑模板工程施工质量的具体措施

模板施工作为混凝土成型施工中必不可少的环节之一，在建筑工程建设过程中应用模板施工为了确保工程结构以及构件尺寸与形状，且为能保证构件安装相对位置的准确性。故此在模本施工过程中首先要求施工使用的模板必须具有足够的强度，刚度以及稳定性，还需要具备易于安装与拆除的特性，在此之外模板表面还必须是光滑整齐，其拼接缝还应该具有严密且不漏浆的特点。从几个重要方面研究提高建筑模板工程施工质量的几点措施：

1. 胶合板模板侧边、木方背楞均须采用平板刨或手工刨刨光平直，以保证模板的接合严密。二次使用的胶合板及木方须进行刨光整理，对于弯曲较大或损坏过大的模板给予替换。

2. 质量管理点设置包括模板的安装质量（包括刚度、强度和稳定性）；模板的平整度、垂直度、截面尺寸、标高、接缝严密情况，以及预埋件、预留孔洞的位置、轴线位移。

3. 预控措施：施工前检查上道工序质量，钢筋位置及放线位置是否正确；及时更换有缺陷的模板，并予以修复，加强工序自检；加强模板出场管理及现场保养；连结件扣紧不松动；支撑点牢固可靠，损坏变形的支撑不予使用。

4. 相关人员质量保证措施：技术人员出具作业指导书，制定纠正和预防措施，在施工中监督执行情况；质检员要跟班检查质量，监督班组自检、互检和交接检查，发现问题及时处理；工长监督施工，合理安排人力，协调各工种的配合；操作人员应按作业指导书精心施工，技术交底要求做好自检。

（五）模板拆除控制要点

1. 在建筑施工完毕之后，准备拆模的阶段需要严格控制混凝土的拆模时间，拆模时应能保证拆模施工后墙体不出现掉角或者起皮的现象，所以需要在同条件混凝土试块强度达到 3.0MPa 之后，才可以开始实施拆除模板的施工；模板及其支架拆除时，其混凝土强度必须达到设计要求。当设计无具体要求时，混凝土强度应符合有关规定。

2. 防止过早拆除模板和支撑。要准确计算拆除支撑的时间，以预防支模的支撑系统失稳造成塌落事故，必须确保混凝土达到承受上部荷载的足够强度，在结构砼未达到规定拆模强度的严禁拆模，尤其是悬挑构件，必须在抗倾覆荷载加上后再拆除承重支撑和底模，拆除砼构件模板，必须严格按照《规范》GB50204-92 中规定的砼强度执行。

3. 对于建筑结构墙体模板的拆除施工，应按以下程序操作：首先松开穿墙杆螺母，退出穿墙杆，敲击夹具销并松开夹爪；其次松开墙体模板的支撑结构，使模板与墙体分离，松开连接柱模的模板夹具和对拉螺栓；最后调节柱模支架的可调丝杆和侧向钢管顶撑，使柱模脱离混凝土面，清灰、涂刷脱模剂备用。

（六）高支模施工安全控制

高支模施工难度大，危险性也大，易造成严重安全事故，对高支模施工要求应更高。高度、跨度、荷载较大的高支模应做专项施工方案进行专家论证，施工单位应严格按审核的方案实施。高大模板承重支撑体系搭设完成后，应由总监理工程师组织施工单位技术负责人、专职安全员对模板分项工程按审定的专项安全方案进行验收。混凝土浇筑过程中，监理人员旁站监理，并督促施工单位安排专职人员观察模板支撑有无异常情况。使用期间，严禁拆除纵、横向水平杆和扫地杆。高支模施工必须充分掌握施工要领，以人为本，以安全施工为主线，进行精心设计、加工、施工和科学管理。

模板工程施工技术对于建筑工程的质量有着非常重要的影响，所以在进行建筑施工的时候，必须要对于模板工程施工技术加以合理的应用，只有合理的应用模板工程施工技术，才能够有效的保证模板工程的质量，进而保证混凝土浇筑的质量，所以模板工程施工技术也是建筑施工过程中一个不可忽视的重要技术。

第三节　混凝土工程施工技术

一、混凝土施工技术要求

建筑工程项目地基通常相对较深，建筑面积较大，因此对工程施工作业过程中的混凝土质量控制提出了更高的要求，一般搅拌选择预拌泵送处理，如此能够根据不同的高层施工实现精确浇筑。在实际使用时，混凝土耐久性应当满足高抗压的强度指标，另外按照混凝土施工用途的差异性，对于部分混凝土还提出了较为特殊的要求，例如混凝土补偿收缩性、免除震动性等。随后需要结合实际状况开展施工作业，对混凝土施工作业环境实施全面监测与控制，确保施工作业温湿度等相关条件能够符合规定要求，对于不同的季节或不同的地区也应当选择各不相同的周期作业方法。建筑工程混凝土施工作业过程中还需要对施工缝隙预留位置予以科学设计，严格遵循相应的施工规范标准，如果在施工作业时要求对混凝土浇筑顺序予以调整，则应当对调整作业方案进行充分论证调研，确保方案的科学性，从而保证混凝土施工作业的规范性以及工程项目施工建设质量。

二、混凝土工程施工技术

建筑混凝土工程中常用的施工技术主要有：

①混凝土泵送施工技术。泵送混凝土施工技术是利用混凝土泵，通过专用管道将商品混凝土输送至指定的浇筑位置，一次性完成混凝土的空间输运和浇筑。泵送混凝土技术具有输送量大、效率高、劳动强度较低、施工文明等特点。在建筑施工中得到广泛的应用。泵送混凝土施工技术要求混凝土具有可泵性、流动性和粘聚性，通过输运设备不断地搅动，确保混凝土不离析、不泌水，确保混凝土施工性能，摩擦力小；常选用性能稳定的硅酸盐水泥。科学试验混凝土不同配比的性能和强度，并结合施工实际，确定合理的混凝土配比，确保施工的强度和性能。混凝土中的砂、石、水泥大小和性能都有严格要求，并适当掺加减水剂等外添加剂，确保混凝土的可泵性和粘聚性。

②大体积混凝土施工技术。建筑混凝土工程建设对基础施工的要求高，尤其是对施工整体性的要求，并且经常需要一次连续浇筑完毕，因此需要大量、连续的混凝土供应和科学的施工组织设计，而大体积混凝土施工技术克服混凝土间断施工易形成施工缝等问题，但是由于施工基础体积较大，浇筑易产生大量的水化热量，易产生混凝土内外温差导致的温度应力，易破坏混凝土表面，产生裂缝。因此在实际大体积混凝土施工试验中，应强化并控制混凝土内外温差产生温度变形应力的幅度，避免裂缝产生，并不断提高混凝土结构的抗裂、防渗和抗侵蚀性能，优化大体积混凝土施工技术。

（一）混凝土施工技术存在的问题

就目前建筑行业的现状来看，建筑混凝土施工技术仍存在着缺点和不足，在混凝土的制备、浇灌、捣实、养护等方面都存在着或多或少的问题。

1. 混凝土制备不合格

混凝土制备是混凝土施工的关键环节，如何保证混凝土的制备质量一直是建筑施工单位重要研究的课题。但不少建筑施工单位在混凝土的制备上问题仍是层出不穷。首先施工单位为了降低成本，或管理不利等其他原因，选购了不符合标准的混凝土制备材料，这从根本上就影响了混凝土的制备质量。其次，不少建筑工程施工单位在混凝土的搅拌过程中对水泥、砂子、石子、水等材料的调配比例掌握不熟练，导致混凝土不符合质量要求，同时在运输过程中不少单位没有合理控制运输时间，错过了混凝土的最佳浇灌时间，影响混凝土的凝结。

2.混凝土结构质量问题

混凝土施工过程中最容易出现问题的地方就是混凝土的结构质量。通常混凝土浇灌完成后混凝土结构会出现裂缝、蜂窝、麻面、强力不够等现象。这些问题的出现严重影响了混凝土结构的质量，导致整个建筑工程质量下降。而这些问题往往都是建筑混凝土施工过程中的常见问题，多是由于建筑施工单位在混凝土的施工过程中不注重施工细节，对施工质量没有及时监管，施工技术不达标等原因造成的。

3.混凝土养护力度不够

混凝土施工是一个全面整体的施工过程，施工的每一个环节都很重要，一个环节出现问题往往就会导致整个工程的失败。而在建筑施工过程中，建筑施工单位往往注重混凝土的制备、浇灌、捣实等方面忽视了对混凝土的养护。例如，混凝土捣实完毕准备凝结过程中没有及时对混凝土进行覆盖。或是对混凝土的养护过于形式化，没有综合考虑具体环境对混凝土的影响，造成混凝土质量问题。

4.混凝土施工技术人员缺乏专业素质

建筑工程施工是一个要求体力，同时也要求一定技术的工作。建筑混凝土的施工也不例外，在施工过程中不仅需要建筑施工人员进行大量的体力劳动，同时还要求建筑混凝土施工人员掌握一定的专业技术和经验满足施工过程中的技术需要。但是在现实生活中，建筑施工单位的施工人员往往在专业技术知识上存在严重的缺失，在建筑混凝土的施工过程中难以满足建筑混凝土施工对技术方面的需要。建筑工程施工人员面对建筑混凝土施工中的技术问题往往无法合理解决，为建筑混凝土工程埋下隐患。

5.混凝土施工技术缺乏创新

科技在进步，社会在发展。建筑企业为了能在激烈竞争的建筑行业中存活下来，就要不断地向前发展。在这种情况下混凝土施工技术仍采用传统的技术方法，显然不利于长远的发展。就目前建筑混凝土施工技术的现状来看，严重缺乏创新意识，整个建筑混凝土施工难以提高施工效率，无法进一步提高建筑混凝土工程质量。这严重影响了建筑工程整体质量的提高，阻碍了建筑企业的发展。

（二）混凝土施工技术问题的解决措施

房屋建筑质量关系着百姓民生，因此建筑工程施工质量是全社会普遍关注的问题。而建筑混凝土施工是建筑工程施工的重中之重，完善建筑混凝土施工技术是现在建筑工作者迫切需要解决的问题。

1.强化混凝土制备

混凝土的制备在混凝土的施工过程中占有很重要的地位，影响着整个混凝土结构工程的质量。因此建筑施工单位在制备混凝土时要格外注意。在材料的选择上要严把质量关，对于水泥、砂子、石子的选择一定要符合国家标准，层层检验确保质量。搅拌过程中要注重各种材料的配比，配合施工的需要，保证混凝土的质量。在运输过程中要选用符合标准的运输工具，尽量选择平坦道路，把握运输时间，配合混凝土的施工需要。

2.注重施工技术，严把工程质量

针对混凝土施工过程中经常出现的混凝土结构质量问题，施工单位在施工过程中应该加大对施工质量的监管，严格仔细地进行工程质量的核查，及时地发现问题解决问题。同时建筑施工人员在建筑混凝土施工过程中应细致全面地进行，不要忽略建筑混凝土施工过程中的细节问题。努力减少建筑混凝土施工过程中的失误，保障工程质量。

3.加强混凝土的养护力度

建筑施工单位应加大对混凝土的养护力度，重视混凝土养护的重要性。施工单位对于混凝土的养护不能一概而论，要根据工程的具体环境，根据混凝土工程的需要选择合理的养护方式。例如，冬季混凝土的养护就应考虑到冬季气候寒冷、干燥的特点。对混凝土的养护必须先设置保温材料再进行浇筑混凝土。综上所述，对于建筑混凝土的养护施工单位一定要综合考量，全面养护。

4.施工单位加强对施工人员技术的培养

建筑工程施工人员是建筑工程施工的主力军，建筑施工单位想要保证建筑施工质量就要加强培养建筑施工人员的专业素养。只有建筑工程人员全面掌握了专业知识，才能有效地保证建筑混凝土工程的质量。针对提高建筑施工人员的专业素质培养问题，需要建筑施工单位组织全体建筑施工人员集体培训，统一考核，考核合格者方能上岗，严把建筑工程人员技术关。

5.鼓励技术创新，推进技术发展

针对建筑混凝土技术创新停滞的问题，建筑施工单位应发挥自身作用，积极推动创新技术的进行。建筑企业应加大对员工创新思想的培养，有意识地传播创新意识。对于同行业先进的建筑混凝土施工技术要积极引进，时刻保持技术的领先水平。

三、混凝土工程的施工准备要点

建筑混凝土工程的施工准备主要包括：

①原材料准备。a.水：应该尽量采用可饮用的水进行混凝土的拌和，对于不可饮用的水，在拌和之前应该先进行化验和抗腐蚀检验。b.水泥：应该根据工程的强度要求以及不同型号的水泥性能来选择，保证其强度不低于设计的规范，对于有特殊承重要求的部位应该在选用之前进行测试，结合报告进行选择。c.骨料：作为混凝土的主要组成部分，骨料的优劣对混凝土最终强度有直接的影响。

②混凝土工程浇筑施工前，需要对钢筋、控制模板、保护层等设备的规格尺寸进行检查，使其偏差值符合国家验收评定的标准。还应该对模板接缝处是否密合完好以及其支撑是否稳定进行检查，还要对钢筋和模板进行预检，符合标准之后，才能开始浇筑。

③混凝土工程浇筑施工前，应该先做好对施工工人的安全技术交底工作，对施工中要

注意的问题要详细说明，强调梁柱、梁板与剪力墙的混凝土标号的控制，以及振捣时间、间距等等事项。

四、建筑混凝土工程施工要点

（一）拌和施工要点分析

建筑混凝土工程建设中的混凝土材料确定后，需要避免采用经验配比的方法，杜绝少配、错配、漏配等影响混凝土质量的事件发生。然后应该对适配完成的混凝土进行性能的检测，然后才能进行大量的混凝土的拌和。在施工中应该经常对骨料的含水率进行检测和调整。在向搅拌机具中投料时应控制在机具的额定容量之下，拌和中应该随时对拌料坍落度和离析现象进行监测。

（二）浇筑振捣施工要点分析

主要表现为：

①浇筑施工分析。浇筑施工前，需要检查钢筋和模板，从而保证混凝土的浇筑条件，同时还需确定浇筑方法的合理性。应保证混凝土下落高度小于 3m，如果采用的是分层分块浇筑方法的话，应该结合钢筋的密集程度和结构的特点来决定每一层的高度。在分层高度的控制上，一般为插入式振捣器作用长度的 1.25 倍，如果振捣采用的是平板振捣器，则应该控制分层的厚度，不超过 200mm。浇筑的过程应该尽量连续，如果必须出现间隔，则要尽量的缩短间隔的时间，以保证在前层的混凝土初凝前可以恢复施工。较注重应该经常观察和整改钢筋、模版等设备的变位现象。较大的梁体可以进行单独的浇筑，对连续浇筑无法实现的部位，应该在剪力较小的地方预留好施工缝。

②振捣施工分析。振捣是使混凝土能充满模版的每个角落，使其获得最大的均匀和密实度。振捣分为机械和人工振捣两种，一般只有工程量小，或者采用的是塑性混凝土的时候才会使用人工振捣的方法。振捣过程应该快插慢拔，均匀的选择插点的位置，以防出现漏振的情况。在插入振捣棒的时候应该使其进入下层混凝土中，以免在两层混凝土中间出现缝隙。在一个插点应该持续振捣 20-20S，以表面无下沉、无气泡，泛浆或者水平为宜。

（三）养护施工要点分析

混凝土养护施工要点主要是防止混凝土早期表面失水，过去混凝土泌水量大，一般采用二次收浆，然后开始养护，防止塑性收缩裂缝。现代高性能混凝土基本没有泌水，如果风大或温度高，水分蒸发量大，混凝土表面很快就会出现裂缝，必须在终凝前再次抹面闭合裂缝。保温措施是混凝土养护中最重要的步骤，该措施可以有效确保混凝土表面温度受环境因素影响而发生的一系列变化，需要严格控制养护期间各层面间的温差。

五、混凝土工程施工质量管理

（一）混凝土工程施工质量管理的重要意义

混凝土工程施工质量管理对于整个建筑工程建设非常重要，不仅与人们的生活紧密相关，而且与整个社会的和谐稳定有直接关系。因此，做好混凝土工程施工质量管理工作具有非常重要的意义，具体表现在以下几点：

第一，有利于保证建筑工程的顺利开展

在建筑工程中注重混凝土工程施工质量管理，减少事故的发生，能够使工程在规定的工期内将工作竣工。一旦出现质量问题或者发生事故，不仅会造成人力、物力和财力资源的浪费，甚至会造成人员伤亡，使工程很难顺利开展，不能按照工期完成任务。因此，只有做好混凝土工程施工质量管理工作，才能实现整个工程的顺利开展。

第二，有利于保证建筑工程的整体质量

建筑工程在施工过程中采取有效的混凝土施工质量管理措施，能够严格管理施工现场以及材料的使用等，从而做好每个施工环节的各个细节主要事项和要点，从而建筑工程的整体质量。

第三，有利于保证广大人民的生命和财产安全

在工程建设中，建筑大多是用来满足人们居住或者办公的。如果工程质量出现问题，将会使人们的生命和财产安全遭受重大损失。因此，只有注重混凝土工程施工质量管理，保证工程质量，减少安全事故的发生，才能有效保证广大人民的生命和财产安全。

（二）影响混凝土工程施工质量的因素

1. 水灰比因素

混凝土的强度很大程度上取决于水灰比，水灰比就是水泥和水的比例，水灰比的变化会影响混凝土强度的高低。一般情况下，普通的混凝土水灰比为：0.4~0.65，要求在搅拌混凝土时掺入水泥中的水量不能高于水泥用量的四分之一。如果水泥水化用的水量超出这个比例，那么多余的水量就会留在混凝土的内部，慢慢形成空隙，使混凝土的密度、强度和耐久性都产生影响。一般而言，水灰比的大小与混凝土的硬度呈反相关的关系，即水灰比越大，混凝土的强度就越低。在混凝土的强度影响因素中，水灰比是非常关键的，这也是影响混凝土工程施工质量管理的一大因素。

2. 原材料因素

原材料尤其是粗细骨料的变化对混凝土的强度也会产生重大影响，因此需要考虑原材料这一重要因素。骨料的强度一般要高于混凝土的强度，因此骨料的自身强度并不会对混凝土的强度产生较大影响，主要是骨料的颗粒形状和表面情况等对混凝土的抗拉强度产生影响。如果混凝土的强度要求相对低，但是使用的是高强度的石子，那么就会产生较大差

别的弹性模量，如果水泥水化受到外界环境的稳定或者湿度变化时，就有可能产生裂缝现象，对混凝土的质量产生直接影响。

3. 施工现场原材料的计量控制因素

混凝土的配合比中需要加入多种原材料，如果对材料计量不加严格控制，为了节省成本而使用不合格的衡器，只是对材料的体积进行控制，那么就会导致实际用料存在不均衡的问题，使混凝土的配合比受到影响，进而导致混凝土的强度发生波动，对混凝土工程的施工质量产生影响。

4. 振捣密实因素

在混凝土的施工作业过程中，会产生振捣是否密实的情况，这对混凝土的强度也会产生直接影响。如果模板接缝不严格，那么就会产生跑浆的现象，混凝土就会不密实，导致强度受到影响。为了提高混凝土的密实度，一般采用机械振捣和人工振捣相结合的方法，从而保证混凝土的质量。

5. 混凝土养护因素

混凝土容易受到外界温度的影响，加上水泥产生的热量会对混凝土的内外部体积产生影响，使混凝土的质量产生影响，因此需要进行养护。为了减少混凝土的裂缝现象，保障混凝土工程施工质量，需要保证混凝土的凝结硬化在符合条件的温度和湿度条件下进行。

（三）混凝土工程施工质量中经常出现的问题

1. 混凝土的强度等级很难满足设计标准

随着社会的不断发展进步和建筑行业的快速发展，在我国的很多地区使用的是预拌混凝土，预拌混凝土的使用不仅能够有效缩短工期，使施工人员的劳动强度不断降低，而且能够有效保证工程质量。但是，在具体的施工过程中，有些施工企业为了降低成本在进行混凝土搅拌时掺入质量较差的水泥，加上原材料的计量不够准确甚至出现偷工减料等问题，这些对混凝土的强度都产生影响，使其强度等级很难达到设计标准。在混凝土工程施工过程中，为了满足施工安全要求，只能采取一些外在的加固处理措施，使施工质量受到影响，而且给施工单位造成一定的损失。

2. 模板体系相对落后

随着脚手架和模板施工技术的快速发展，混凝土施工技术取得较大进步。在混凝土工程施工过程中，模板是不可缺少的一项材料，而且对混凝土的施工质量会产生影响。但是，由于施工企业对模板体系不够重视，而且缺乏资金投入，导致模板体系相对落后，很难满足施工要求，极容易发生安全事故。

3. 施工缝和混凝土连续浇筑处理不当

在底层混凝土进行初凝之前，需要进行连续浇筑混凝土工作，然后根据相关规范进行验收。该项工作非常重要，但是往往施工人员不够重视，认为施工人员和机械一直进行作业，就都属于浇筑，这样就会出现梁板和主要构件混乱等情况，加上浇筑的时间没有掌握好，导致混凝土出现硬化或者凝土等现象，如果对施工裂缝处理不当就会导致混凝土结构产生影响，使混凝土工程施工质量受到影响。

4. 施工人员的专业水平不高

当前，很多施工企业在进行混凝土工程施工时主要聘用的是那些专业水平并不高的施工人员，他们对混凝土施工过程中应当注意的问题和专业操作不够熟悉，而且不精通混凝土工程施工技术，从而导致施工过程中一系列质量问题的发生。

（四）混凝土工程施工质量的管理措施

1. 加强对原材料的管理和控制

混凝土工程施工过程中，原材料是必不可少的。为了保证混凝土工程的施工质量，今后一定要加强对原材料的管理和控制。具体来说，首先，在选择原材料供应商时，一定要严格比较，选择信誉度比较高并且性价比高的供应商，通过对材料进行测试来保证水泥、砂和石等的质量，尤其是水泥的安定性能要有所保证，否则就会出现混凝土表面的膨胀性裂缝，影响工程质量；其次，要全面检测并实验所有施工材料，要使混凝土的强度等级和黏结性符合要求，然后才能正常进行下一个环节的施工；再次，重视外界环境的温度和湿度。为了保证混凝土的耐久性，可以在一定的温度和湿度情况下加入添加剂。

2. 加强对混凝土的施工管理

为了保证混凝土工程的整体质量，保证混凝土的配合比是一项非常重要的工作。对于混凝土的各项指标要求，不仅受运输方式、气候条件等影响，还与混凝土的含水率相关，因此要做好混凝土的浇筑管理工作，从低层到高层进行浇筑，加强振捣的密实度，并且严格控制原材料的计量，运输过程中尽量保持稳定，从而减少混凝土由于振荡而发生离析等现象，最终保证混凝土工程的整体施工质量。

3. 做好混凝土的养护工作

混凝土在施工过程中会由于水泥水化而出现凝结或者硬化等现象。因此，在开始浇筑混凝土时就要做好混凝土的养护工作，否则就会出现混凝土表面的不平整，甚至出现裂缝，影响混凝土的性能。在硬化过程中，为了将混凝土的性能充分发挥出来，应当考虑温度和湿度等条件，并且根据不同的季节采取有针对性的养护措施，例如在冬季时，由于气温较低，因此需要采取额外的温度保护措施，可以用蓄热法和塑料薄膜及保温材料覆盖的方法对混凝土进行合理养护，使水分减少流失，从而保证混凝土的强度，使施工质量得以保证。

建筑混凝土施工是建筑施工中的重要组成部分，建筑施工单位应积极完善建筑混凝土施工技术的缺点和不足。通过自身的不断努力保证建筑混凝土工程的质量，推进建筑行业的进步。

第四节　预应力混凝土先张法施工技术

先张法是先张拉后浇混凝土，所以其传力主要通过预应力钢筋与混凝土之间的粘接应力来传递预应力；先张法预应力混凝土构件在台座上生产时，一般工艺流程施工中可按具体情况适当高速。

一、预应力筋的张拉

预应力筋张拉应根据设计要求进行。当进行多根成组张拉时，应先调整各预应力筋的初应力，使其长度和松紧一致，以保证张拉后各预应力筋的应力一致。

张拉时的控制应力按设计规定。控制应力的数值影响预应力的效果。控制应力高，建立的预应力值则大。但控制应力过高，预应力筋处于高应力状态，使构件出现裂缝的荷载与破坏荷载接近，破坏前无明显的预兆，这是不允许的。此外，施工中为减少由于松弛等原因造成的预应力损失，一般要进行超张拉，如果原定的控制应力过高，再加上超张拉就可能使钢筋的应力超过流限。

建立张拉程序的目的是为了减少预应力的松弛损失。所谓"松弛"，即钢材在常温、高应力状态下具有不断产生塑性变形的特性。

松弛的数值与控制应力和延续时间有关，控制应力高松弛亦大，所以钢丝、钢绞线的松弛损失比冷拉热轧钢筋大；松弛损失还随着时间的延续而增加，但在第 1 分钟内可完成损失总值的 50% 左右，24 小时内则可完成 80%。

用应力控制张拉时，为了校核预应力值，在张拉过程中应测出预应力筋的实际伸长值。如实际伸长值大于计算伸长值 10% 或小于计算伸长值 5%，应暂停张拉，查明原因并采取措施予以调整后，方可继续张拉。

台座法张拉中，为避免台座承受过大的偏心压力，应先张拉靠近台座截面重心处的预应力筋。台座的长度一般不超过 50m，承载力可大于 1000kN 以上。为了便于浇筑混凝土和蒸汽养护，槽式台座一般我低于地面。在施工现场还可利用已预制的柱、桩等构件装配成简易的槽式台座。

多根预应力筋同时张拉时，必须事先调整初应力，使相互间的应力一致。预应力筋张拉锚固后的实际预应力值与设计规定检验值的相对允许偏差为 ±5%。张拉完毕锚固时，张拉端的预应力筋回缩量不得大于设计规定值；锚固后，预应力筋对设计位置的偏差不得大于 5mm，并不大于构件截面短边长度的 4%。另外，施工中必须注意安全，严禁正对钢筋张拉的两端站立人员，防止断筋回弹伤人。冬季张拉预应力筋，环境温度不宜低于-15℃。

二、混凝土的浇筑与养护

确定预应力混凝土的配合比时，应尽量减少混凝土的收缩和徐变，以减少预应力损失。收缩和徐变都与水泥品种和用量、水灰比、骨料孔隙率、振动成型等有关。

预应力筋张拉完成后，钢筋绑扎、模板拼装和混凝土浇筑等工作应尽快跟上。混凝土应振捣密实。混凝土浇筑时，振动器不得碰撞预应力筋。混凝土未达到强度前，也不允许碰撞或踩动预应力筋。混凝土可采用自然养护或湿热养护。但必须注意，当预应力混凝土构件在台座上进行湿热养护时，应采取正确的养护制度以减少由于温差引起的预应力损失。预应力筋张拉后锚固在台座上，温度升高预应力筋膨胀伸长，使预应力筋的应力减小。在这种情况下混凝土逐渐硬结，而预应力筋由于温度升高而引起的预应力损失不能恢复。因此，先张法在台座上生产预应力混凝土构件，其最高允许的养护温度应根据设计规定的允许温差（张拉钢筋时的温度与台座养护温度之差）计算确定。当混凝土强度达到 7.5N/mm^2（粗钢筋配筋）或 10N/mm^2（钢丝、钢绞线配筋）以上时，则可不受设计规定的温差限制。以机组流水法或传送带法用钢模制作预应力构件，湿热养护时钢模与预应力筋同步伸缩，故不引起温差预应力损失。

三、预应力筋放松

混凝土强度达到设计规定的数值（一般不小于混凝土标准强度的 75%）后，才可放松预应力筋。这是因为放松过早会由于预应力筋回缩而引起较大的预应力损失。预应力筋放松应根据配筋情况和数量，选用正确的方法和顺序，否则易引起构件翘曲、开裂和断筋等现象。当预应力筋采用钢丝时，配筋不多的中小型钢筋混凝土构件，钢丝可用砂轮锯或切断机切断等方法放松。配筋多的钢筋混凝土构件，钢丝应同时放松，如逐根放松，则最后几根钢丝将由于承受过大的拉力而突然断裂，易使构件端部开裂。长线台座上放松后预应力筋的切断顺序，一般由放松端开始，逐次切向另一端。

（一）放张要求

放张预应力筋时，混凝土强度必须符合设计要求，当设计无专门要求时，不得低于设计的混凝土强度标准值的 75%。放张过早由于混凝土强度不足，会产生较大的混凝土弹性回缩而引起较大的预应力损失或钢丝滑动。放张过程中，应使预应力构件自由压缩，避免过大的冲击与偏心。

（二）放张方法

当预应力混凝土构件用钢丝配筋时，若钢丝数量不多，钢丝放张可采用剪切、锯割或氧-乙炔焰熔断的方法，并应从靠近生产线中间处剪断，这样比在靠近台座一端处剪断时回弹减小，且有利于脱模。若钢丝数量较多，所有钢丝应同时放张，不允许采用逐根放张的方法，否则，最后的几根钢丝将承受过大的应力而突然断裂，导致构件应力传递长度骤增，或使钩件端部开裂。放张方法可采用放张横梁来实现。横梁可用千斤顶或预先设置在横梁支点处的放张装置（沙箱或楔块等）来放张。

（三）放张顺序

预应力筋的放张顺序，应符合设计要求；当设计无专门要求时，应符合下列规定：对承受轴心预压力的构件（如压杆、桩等），所有预应力筋应同时放张；对承受偏心预压力的构件，应先同时放张预压力较小区域的预应力筋，再同时放张预压力较大区域的预应力筋；当不能按上述规定放张时，应分阶段、对称、相互交错地放张。以防止在放张过程中，构件产生弯曲、裂纹及预应力筋断裂等现象。

第五节　预应力混凝土后张法施工技术

后张法施工技术首先需要将相应构件预先制作好，在构件中留出对应的孔道，待构建混凝土中的强度值和设计中要求的数值相一致时，就要在孔道中插入预应力筋来进行张拉，同时使用锚具对构件进行锚固，最后实施孔道灌浆工艺。因后张法施工工艺在整个施工过程中并不需要相应的台座设备，具有的灵活性较大，目前被广泛应用在大型预应力混凝土的施工过程中。

一、预应力混凝土后张法的施工工艺

（一）孔道预留

在实施孔道预留施工的过程中，对该工艺的基本要求为：保证孔道直径中预应力筋的顺利通过；按照孔道设计的位置以及尺寸等要求进行施工，在对混凝土进行浇筑时不能发生变形或位移；在设计的预留位置附近一定要留设出灌浆孔；并在孔道曲线的波峰位置处设置出可排气也可排水的管道，在必要的情况下可以加设排水管，从而保证灌浆孔径中浆液的顺利流通。

（二）空孔道预留方法

因孔道形状有曲线、直线以及折现三种，因而孔道预留的方法可以包括以下几种：

第一，钢管抽芯法。可将表面光滑且平直的钢管预埋在模板中预应力钢筋孔道的具体位置上，在实施浇筑后或是拔管之前，要每隔15min左右的时间匀速且缓慢地转动钢管，等到混凝土发生初凝后，利用卷扬机匀速拔出钢管，就可在钢管构件中形成孔道，此种方式适宜留设直线的孔道施工，且保证钢管的长度不得高于15m，并使钢管两端各伸出构件约 500mm，从而利于管道的抽管以及转动。若是钢管构件较长，可以利用 2 根钢管，在中间采用套管的连接方式。具体的抽管时间和所使用的水泥种类以及养护的条件具有一定的联系，在利用锥形螺杆锚具在留设孔道位置时，要注意中间孔道位置要和构件端部的扩孔位置同心；

第二，预埋管法。此种方法是利用钢筋井字架将薄钢管、金属螺旋管等固定在预先设计好的位置上，并在混凝土构件中埋管成型的一种施工方式。同时此种施工方式也适用于曲线预应力筋的孔道埋设，然而在采用电热后张法的施工过程中，不宜采用金属管所埋设的管道；

第三，胶管抽芯法。在通常情况下利用 5 ~ 7 层的帆布夹层、壁厚在 6 ~ 7mm 的橡胶管用于折现、曲线或是直线的孔道成型。在本次研究中，该项工程采用的就是这种方法，具体的操作方法为：将胶管的一段完全封闭，并在另一端安装阀门，设置在孔道预先设计的位置附近，直到混凝土初凝后，将胶管一段的阀门进行放水降压处理，这时胶管发生回缩，就会和混凝土发生分离。其中抽出胶管的顺序在通常情况下按照先曲后直、先上后下的方式。

二、预应力筋张拉技术

（一）张拉条件

结构混凝土的强度一定要符合设计规范中的具体要求或是达到规定中 75% 的强度标准。在此次研究中，针对该项施工工程而言，张拉控制应力以及超张拉最大应力值要比先张法小 0.05f 左右。

（二）张力设备

在预应力筋混凝土构件张拉过程中，锚具是传递预应力的主要工具，按照不同锚具具有的固定性能主要可以分为两种，一种是在实际施工过程中仅具有粘黏作用的预应力混凝土结构，另一种是承受动载设备，静载的预应力混凝土结构，在本次研究的施工工程中采用的是承重动载设备。

1. 拉杆式千斤顶

该设备是目前建筑施工工程中一种较为常见的预应力混凝土设备，主要用在张拉带中螺丝端杆的粗钢筋中。拉杆式千斤顶主要由连接器、副缸、主缸、拉杆等几部分组成。在实施张拉预应力过程中，首先利用连接器和预应力筋中的螺丝杆进行连接，从而使拉杆支撑以及顶杆可以预埋在钢板的端部。当高压油泵将油液由主缸油嘴送入主缸之后，可搬动主缸活塞使其向左方向移动，进而带动拉杆以及拉杆末端的螺丝端杆，此时预应力筋可以及时得到有效的拉伸，当达到张力要求值时，旋紧在预应力筋中顶端的螺母，最后进行锚具的固定。

2. 锥锚式千斤顶

该设备主要被应用锥形锚固类预应力钢丝技术中。其中张拉性油缸主要被用来张拉预应力筋，钉压油缸主要是用于钉压锥塞，在对预应力进行张拉的过程中，主缸进油主缸在压力的作用下会发生移动，从而使得固定在砌上的钢筋会被拉伸，就会改成由副缸进油，其中主副缸的回油过程则是依靠有关设备在主缸以及副缸之间弹簧的作用来完成的。

（三）张拉方法

针对抽芯成形的孔道而言，曲线预应力筋以及长度大于 24m 的直线预应力筋要在两端同时进行张拉。针对长度低于 24m 的直线预应力筋而言，可采用一端拉伸的方式，进行张拉的一端在通常情况下应选择构件的两端位置。针对预埋波纹管道来说，曲线预应力筋以及长度大于 30m 的直线预应力筋要在两端同时进行拉伸。针对长度低于 30m 的直线预应力筋来说，可采用一端拉伸的方式。同时在安装张拉设备的过程中，针对直线预应力筋，要使其孔道中的中心线以及张拉力中的作用线重合，针对曲线预应力筋，要使张拉力过程中的作用线以及孔道中的中心线末端在切线方向上重合。

（四）张拉过程中的顺序

在张拉过程中预应力筋的顺序一定要按照具体设计过程中的有关规范严格执行，若是在实际施工过程中对此并无要求，可采用分阶段、分批的方式来进行张拉施工。其中预应力混凝土吊车梁中的预应力筋至少要利用 2 台千斤顶来进行张拉，针对多根不对称式的预应力构件，应采用分批、分阶段形式下的张力方式。针对本次研究中，因该项施工工程采用的平卧重叠式的浇筑预应力混凝土构件，因此采用先下后上的顺序来进行逐层张拉。

三、混凝土灌浆技术

在进行张拉施工之后，首先应对孔道实施清理，在确保孔道清洁的基础上再进行混凝土灌浆，其中孔道灌浆技术是后张法预应力施工过程中的重点工作，进行灌浆的最主要目的是防止钢筋生锈，从而增加整个钢结构的整体性和荷载能力，在具体的施工过程中应注意以下几方面的内容：

第一，在实施孔道混凝土浇筑工作之前，要安排专业的人员来检查是否出现钢筋黏结的现象，以及结筋束形是否符合设计规范中的要求，构件的固定端以及张拉端在安装过程中是否符合具体的施工工艺要求等，经检查，若是出现不符合标准的状况，要及时调整施工工艺以及技术；

第二，在实施无黏结筋工程之后，应当对隐蔽工程进行相关方面的验收工作，唯有检验合格之后，才能实施浇筑混凝土的工作；

第三，要有效保证混凝土在振捣过程中的密实度，为了保证张拉端以及固定端在浇筑混凝土过程中的质量，要严格实施混凝土养护方面的监督工作，在混凝土浇筑成型之后，一旦出现裂缝或是空鼓的现象，一定要在实施无黏结筋张拉工作之前对其进行修补。

　　在当前工程建筑形式变化的影响下，建筑工程的施工工艺也在不断完善，预应力混凝土后张法施工技术作为目前建筑行业中的重点施工项目，可以对具有高强度的钢筋进行张拉，优化建筑物的结构性能，被广泛应用在各种施工工艺中，已成为建筑施工工程中预应力混凝土施工技术中的重要措施。预应力混凝土后张法为大跨度结构设计提供了必要的参考，值得在建筑行业推广。

第四章　砌混结构房屋主体工程施工技术

第一节　建筑施工机械的选择

砌筑工程施工机械的选择是制定施工方案的主要任务之一。需要从先进、经济、合理的角度出发，选择适宜的机械，以达到提高工程质量、降低工程成本、提高劳动生产率和加快工程进度的预期效果。

一、常用机械设备

（一）砂浆搅拌机

砂浆搅拌机是砌筑工程中的常用机械，用来制备砌筑和抹灰用的砂浆。工程中常用的砂浆搅拌机有倾翻出料式的 HJ-200 型、HJ-200B，活门式 HJ-325 等。

（二）垂直运输设备

1. 井架

一般用钢管、型钢制作，常与吊篮天梁、卷扬机形成垂直运输系统，常用于多层建筑施工。稳定性好，运输量大，可以搭设较大的高度，是施工中最常用、最简便的垂直运输设施。井字架的搭设需要注意：基础要埋在一定厚度的底板内，底板中预埋螺栓应当与井字架底盘牢固连接；其顶部、中部应设数道防风缆绳，以保稳定；顶部应设避雷针。吊笼进出口处应设带插销的活动栏杆，吊笼到位后应采取防止坠落的安全措施。

2. 龙门架

是以地面卷扬机为动力，由两根立杆与横梁构成门式架体的提升机，吊篮在两立柱中间沿轨道作垂直运动，立杆是由角钢或直径 200 ~ 250mm 的钢管制作，设有滑轮、导轨、吊盘、安全装置以及起重索、缆风绳等。

3. 附壁式升降机（施工电梯）

又叫附墙外用电梯，它是由垂直井架和导轨式外用笼式电梯组成，用于高层建筑的施工。该设备除载运工具和物料外，还可以乘人上下，架设安装比较方便，操作简单，使用安全，分为单笼式施工电梯和双笼式施工电梯。

4.塔式起重机

塔式起重机又称塔吊。塔式起重机有固定式和行走式两类。塔吊必须经过专职培训合格的专业人员操作，并需专门人员指挥塔吊吊装，其他人员不得随意乱动或胡乱指挥。

二、选择施工机械的原则

在施工中，施工机械的选择主要应根据工程量大小、工程建筑结构特点、工期长短、资源供应条件、现场施工条件、施工单位的技术设备水平和管理水平等原因进行。

（一）符合施工组织总设计的要求

如果工程是整个建设项目中的一个项目，在选择施工机械时应兼顾其他项目的需要，并符合施工组织总设计中的要求。

（二）工程量大小及工程建筑结构特点

在单位工程施工中，施工机械的选择要从全局出发，考虑整个工程的主要分部分项工程的建筑结构特点及工程量的大小来选择。

（三）满足工程进度的要求

砌体结构施工中，选择施工机械必须考虑工程进度的要求。

（四）符合施工机械化的要求

在工程施工中，要尽量提高施工机械化的程度。这是现代化施工的需要，在提高工程质量、降低工程成本、提高劳动生产率、加快施工进度中起到关键作用。在选择机械时，要充分发挥机械设备的效率，降低体力劳动。

（五）符合经济、合理可行、先进的要求

选择施工方法和施工机械，除合理、先进之外，还要重点考虑经济成本。可以进行分析比较，从施工技术水平和实际情况考虑，选择经济、合理可行、先进的施工机械和施工方法。

三、砌体结构施工机械选择

（一）砂浆搅拌机的选择

砂浆搅拌机应根据工程工期要求及工程量的大小选择砂浆搅拌机的类型、型号和数量。如工期要求紧、工程量大的工程应选择产量高的搅拌机或配置几台搅拌机。反之，则可选择产量低的搅拌机。

（二）运输设备的选择

砌体结构施工的运输设备主要包括水平运输设备和垂直运输设备。

1. 垂直运输设备的选择，垂直运输设备应根据工程建筑结构特点、资源供应条件、现场施工条件、工程量大小、工期长短、施工单位技术设备水平等因素选择垂直运输设备的类型、型号和数量。

单位工程施工中，没有大型、重型吊装构件，且工程量较小，工期要求不紧，则可以选择吊装能力小、产能低的井架、龙门架作为砌体结构施工的垂直运输设备。如建筑工程高度大，有大型、重型的吊装构件，且工程量大，工期要求紧时，则可选择吊装能力大，覆盖面和供应面大，产能高的塔吊作为砌体结构施工的垂直运输设备，使工程的全部作业面处于垂直运输设备的覆盖面和供应面的范围以内，可提高劳动生产率，缩短工期，降低工人的劳动强度。

塔吊运行费用高于井架、龙门架，在选择时要结合工程实际情况作多个方案进行技术、经济对比。

2. 水平运输设备的选择，水平运输设备应根据运输材料的种类与垂直运输设备配套选择。

如垂直运输设备采用井架、龙门架来运输砂浆、砌体砖材时，水平运输可选择斗车作为水平运输工具。数量应根据工程量的大小及运输距离配置。

如垂直运输设备采用塔吊运输砂浆、砌体砖材，当塔吊能覆盖全部工作面时，水平运输可分别选择料斗、砖笼由塔吊直接将砂浆、砌体砖材运到工作面。当塔吊不能覆盖全部工作面时，水平运输可选择手推车、翻斗车作为水平运输工具，数量应根据工程量大小及运输距离配置。

选择正确的砌体结构施工机械，考虑经济性，合理性，施工的方便以及产能高低，对于工程来说是很重要的。要以保证施工质量及工期要求为依据，根据工程不同进展阶段，注重实效，合理配备施工机械，同时在施工过程中合理使用，并做好保养与维修，搞好综合利用，使其在施工中发挥最佳经济效益。在施工过程中，要对特殊外架、搅拌机升降机电气等的安全问题进行单项检查，参加人员主要由专业技术人员，有实际操作、维修能力的工人参加。设备管理部门有条件应设立各种专业养护、维修人员，并且每周定时养护、维修，保证在施工过程中不因为机械故障影响施工进度。

为加快工期，改善劳动条件、减轻劳动强度、提高劳动生产率、贯彻建筑工业化方针，采用先进的施工技术，努力提高标准化、机械化施工水平。减少大型临时设施，充分利用当地资源，减少物资运输，节约能源，降低工程成本。随着建筑行业的蓬勃发展，新技术、新材料不断涌现，我们的建筑机械要更加适应现代社会的高速发展，满足人们经济环保和安全适用的要求。

第二节　脚手架工程

一、脚手架的前沿发展

脚手架的起源是很早的，自中国古代建筑始，脚手架便开始投入使用，只是当时的脚手架比较简单，主要是一些木板木棍组成的。例如中国的古塔、城墙、楼房、佛殿等建筑的建造过程中都要用到脚手架。中国在新中国成立之前以及 20 世纪 50 年代初期，脚手架一般都采用竹或木材搭设的，自 60 年代始才开始推广使用扣件式钢管脚手架，这类脚手架具有加工方便、搬运方便、通用性能强的优点，但其施工效率低、安全性差，不能满足高层建筑施工需求。

20 世纪 70 年代，我国从国外引进门式脚手架体系，因为门式脚手架既可以作为建筑施工的内外脚手架，又可以作为梁板模板的移动脚手架，所以被称为多功能脚手架。

20 世纪 80 年代，国内开始仿制门式脚手架，门式脚手架因此得到了发展，在工程中被大量推广使用，但由于出自各厂的脚手架规格不同、质量标准不一致，给施工单位的使用和管理带来了一定困难。

20 世纪 90 年代，门式脚手架没有得到发展。但在 1994 年项目部选定"新型模板和脚手架应用技术"为建筑业推广应用 10 项新技术之一以来，脚手架工程又有了新的发展。新型脚手架是指碗扣式脚手架、门式脚手架、方塔式脚手架以及高层建筑推广的整体爬架和悬挑式脚手架。碗扣式脚手架是新型脚手架中推广应用最多的一种脚手架，但使用面还不广，只有部分地区和部分工程中应用。

随着中国市场的日益成熟和完善，竹木式脚手架将推出建筑市场，只有一些偏远落后的地区正在使用。普通扣件式钢管脚手架占据中国国内 70% 以上的市场，具有较大的发展空间。

中国现在使用的用钢管材料制作的脚手架有扣件式钢管脚手架、碗扣式钢管脚手架、承插式钢管脚手架、门式脚手架，还有各式各样的里脚手架、挂挑脚手架以及其他钢管材料脚手架。

二、脚手架施工前期准备

钢管应符合现行国家标准《碳素结构钢》（GB/T700）中 Q235-A 级钢的规定；卡扣采用可锻铸铁制作的扣件，其材质应符合现行国家标准《钢管脚手架扣件》（GB15831）的规定；脚手板采用 4m 长木脚手板；脚手板宽度不得小于 200mm，厚度不小于 50mm。未来，优化脚手架工程管理业务体系，是搞好脚手架工程管理工作的核心。科学技术是先进的生产力，脚手架工程施工安全施工必须依赖于科学技术，才能体现出施工调度与发展趋势。"安全化"成为各个行业转型的主流趋势，建筑部门要抓住支撑系统技术平台，对数字施工系统进行升级改造，实现数字施工数据处理的一体化操作。

三、脚手架施工技术要点及方法

（一）工艺流程

鉴于施工技术水平不断提升，脚手架工程规模不断扩大，施工工艺也相对复杂。施工单位要按照脚手架布局特点，对项目施工流程进行最优化控制，体现脚手架在工程建设中的稳固作用，进一步增强脚手架的承载能力。同时，对脚手架施工编制可行的质量管理方案，减小施工后期结构病害的发生率。

（二）定位放线

脚手架改造是行业发展的先进趋势，对建筑体结构加固起到了保障性作用。为了更好地开展脚手架工程施工工作，要结合技术工艺方案为调度中心，有效运用施工技术进行现场情况的分析和研究，以及怎样通过地质施工资料来分析当地脚手架工程状况，进一步指导施工人员完成相关的操作。因此，必须按要求进行定位放线，垫板（4m 长、50 厚脚手板）准确放置在定位线上。

（三）扫地杆

纵向扫地杆采用直角扣件固定在距离底座 200mm 处的立杆上；横向扫地杆固定在紧靠纵向扫地杆下方的立杆上。开始搭设立杆时，应每隔 6 跨搭设一道抛撑，直到连墙件安装完毕，架体稳定后根据实际情况拆除抛撑。立杆接长除顶层相临立杆的对接扣件不得在同一高度内，错开距离不得 500mm；各接头中心至主节点的距离不应大于 500mm；立杆顶部高出女儿墙 1m，高出檐口上皮 1.5m；立杆钢管长度不应小于 6m。

（四）纵向水平杆

横向水平杆决定了脚手架支撑性能，对建筑工程结构体产生了不同影响，这样才能控制好整个建筑的结构性能。纵向水平杆设置在立杆内侧，长度不宜小于 3 跨；纵向水平杆接长采用对接扣件连接；对接扣件应交错布置，两根相邻纵向水平杆的接头不应在同步或同跨内；各接头中心至最近主节点的距离不大于 500mm。

（五）横向水平杆

为了保持脚手架施工技术要点，需从脚手架结构组合特点出发，采取有效的施工处理方案。主节点处必须设置一根横向水平杆，用直角扣件扣接且严禁拆除；作业层上非主节点处的横向水平杆，宜根据支撑脚手板的需要等间距设置，最大间距不应大于 750mm；横向水平杆两端应采用直角扣件固定在纵向水平杆上。

（六）脚手架的检查与验收

从现有产业模式来看，建筑是城市地区重点建设行业，每年在地方经济收入中占有较大比例，成为推动城市现代化建设不可缺少的部分。施工技术是保障城市产业规划的基本条件，受到多方面因素影响，我国城市脚手架保护技术推广存在诸多难度，必须要提出切实可行的改革对策，才能保障建筑经济稳步发展。脚手架的检查与验收操作中，脚手架及其地基基础应在下列阶段进行检查与验收：基础完工后及脚手架使用前；作业层上施加荷载前；每搭完10~13m高度后；达到最终高度后；遇到六级大风与大雨后。脚手架使用过程中，应定期检查下列项目：杆件的设置和连接，连墙件、支撑、门洞桁架等的构造是否符合要求；地基是否积水，底座是否松动，立杆是否悬空；扣件螺栓是否松动；安全防护是否符合要求；是否超载。

（七）脚手架拆除

脚手架拆除前，应清除脚手架杂物及地面障碍物，并经相关部门批准后方可进行拆除。拆除必须由上至下逐层进行，严禁上下同时作业；先拆除护身栏杆、脚手板和横向水平杆，再依次拆除剪刀撑的上部扣件；拆除全部剪刀撑以前，必须搭设临时加固支撑，防止脚手架倾倒。

四、脚手架工程安全问题及现状

随着我国经济的快速发展，建筑工程施工建设项目增多，由建筑施工导致的安全事故也增多，有些安全隐患不得不受到重视。导致建筑施工安全事故产生的原因是多方面的，其中脚手架搭设不规范、脚手架荷载超重等问题都可能造成安全事故。脚手架安全管理是建筑施工安全管理重点，同时也是防止施工安全事故的必要手段。

建筑施工安全生产形势依然严峻，主要体现在"两个上升"：一是一次死亡3人以上事故上升、、二是部分地区事故总量上升。

（一）脚手架安全问题案例

2016年1月19日15时四川资阳经济开发区四川南俊汽车集团办公楼建设工程工地，发生脚手架坍塌，造成3人死亡，1人受伤。

2016年10月22日，北京九龙山地铁附近工地脚手，由于早上风比较大，造成坍塌，事故导致两人受伤车辆被砸。

2016年11月21日，浙江嘉兴一工地发生脚手架坍塌，事故导致1人死亡4人受伤。

以上是2016年脚手架工程产生的安全事故案例，可见脚手架在工程中有许多的安全隐患是很大的，需要去发现改，进一步完善脚手架工程。

（二）在脚手架的安全问题分析

作业职员安全意识淡薄，自我保护能力差，冒险违章作业。一是架子工从事脚手架搭设与拆除时，未按规定正确佩戴安全帽和安全带。二是作业职员危险意识差，对可能碰到或发生的危险估计不足，对施工现场存在的安全防护不到位等题目不能及时发现。

脚手架搭设不符合规范要求。建设部行业标准《建筑施工扣件式钢管脚手架安全技术规范》（JGJ130-2011）中华人民共和国建设部公告902号2011-01-28批准，2011-12-01实施。但在部分施工现场，脚手架搭设不规范的现象仍比较普遍，由此导致了多起职工伤亡事故的发生。

脚手架材质不符合要求，使用前未进行必要的检验检测。

脚手架搭设与拆除方案不全面，安全技术交底无针对性。工程施工中凭个人经验操纵，不可避免地存在事故隐患和违反操纵规程、技术规范等题目，甚至引发伤亡事故。

安全检查不到位，未能及时发现事故隐患。在脚手架的搭设与拆除和在脚手架上作业过程中发生的伤亡事故，大都存在违反技术标准和操纵规程等题目，但施工现场的项目经理、工长、专职安全员在定期安全检查、平时检查中，均未能及时发现题目，或发现题目后未及时整改和纠正，对事故的发生负有一定责任。

随着我国建筑业化、专业化进程的加快，模板脚手架向专业化变革，模板脚手架专业化施工将不再遥远。无论如何发展，安全都是脚手架行业最基本和最重要的要求。

五、脚手架工程趋势

随着社会优质机制建设日趋成熟，加强脚手架调查与开发力度，体现了采矿业管理机制深化与改革目标。为了更好地开发与利用脚手架，需倡导高科技用于脚手架调查工作，提出切实可行的开发与建设方案。近年来，我国优质改革机制不断调整，号召各地区搞好脚手架规划与发展，有助于实现高效采煤战略目标。面对早期脚手架调查与开发模式的不足，要倡导高科技在脚手架施工机制中的应用，编制切实可行的脚手架改造方案，从而实现脚手架开发与利用的一体化建设。因而，要充分利用脚手架调查与技术平台，构建新型技术改造体系。

六、脚手架施工管理要点

（一）技术创新

早期建筑工程投资效益低下，与工程单位管理机制缺失存在着直接关联。当前，我国建筑行业正走向科技化阶段，引入高端技术指导现场施工管理，体现了新技术在建筑工程规划中的应用价值。为了避免传统施工缺陷，工程单位要引入建筑脚手架技术构建新型管理平台，从多个角度编制施工管理方案，发挥高科技对现场作业的指导功能。

（二）施工管理

建筑行业科技转型时期，国家倡导工程单位引入高科技支持管理，对现场施工作业提供多元化的指导方向。面对早期施工管理存在的问题，要从建筑信息管理角度出发，编制一套完整的科技化改良方案，消除现场施工操作存在的不利因素。鉴于科技是先进生产力的理念，施工单位要考虑建筑工程规划与改造标准，创设符合科技平台标准的技术方案，消除传统施工技术应用存在的隐患。

（三）现场调度

高层建筑脚手架结构形式复杂，对整体建筑设施产生了诸多不利影响，必须按照行业标准进行优化设置，才能更好地完成施工作业流程。基于脚手架施工技术改良趋势下，要考虑建筑工程结构布局特点，对脚手架结构采取有效控制方案，满足了不同区域脚手架结构的抗害能力。

七、脚手架的安全管理

做好脚手架的安全管理工作必须从以下 7 个方面进行落实：

1.脚手架的搭设人员必须是经过考核合格的专业架子工，上岗人员应定期进行体检，合格后方可持证上岗。

2.搭设人员必须正确佩戴安全帽，按规定系好安全带，穿防滑鞋，遵守安全操作规程。

3.做好各班组人员的安全教育工作，防止工人在作业过程中随意拆除安全防护设施、连墙杆等，当必须拆除或移动时必须经项目技术负责人批准，且采取加固措施后方可拆除。

4.脚手架使用过程中，应定期检查杆件的连接，连墙件、支撑是否符合要求；地基是否有积水，底座是否松动，立杆是否悬空，扣件是否松动。发现隐患必须及时整改，并做好记录。

5.加强日常巡视检查工作，作业层上的施工荷载应符合设计要求，严禁超载。

6.不得在脚手架基础及其邻近处进行挖掘作业，否则应采取安全措施，并报主管部门批准。

7.脚手架拆除时必须由上而下逐层进行，严禁上下同时作业，连墙件必须随脚手架逐层拆除。拆除作业前必须设置警戒区域，并指定专人全程看护，严禁非操作人员入内。

现代脚手架工艺技术快速发展，将其用于建筑工程改造起到了诸多作用，为建筑体结构支撑形成综合保护作用。基于新型脚手架改造趋势下，对大型脚手架工程施工进行改造，体现了建筑脚手架规划发展特点。施工单位要结合建筑体布局情况，对脚手架工程制定科学的施工方案，这样才能更好地发挥建筑体结构性能。

第三节　砌体工程施工

建筑砌体工程施工是一项复杂的工程，必须要明确选材、砌筑等关键内容的标准。建筑施工技术研究的是工业与民用房屋建筑施工技术的学科。本节着重研究房屋建筑砌体施工技术特点，并对已有的施工原理和施工方法加以顺列，供大家分析研究。

一、砌体工程的选材要求

（一）选砖

砖是建筑砌体工程的重要原材料之一，因此，必须引起工作人员的重视。按所用原材料分，有黏土砖、页岩砖、煤矸石砖、粉煤灰砖、灰砂砖和炉渣砖等；按生产工艺可分为烧结砖和非烧结砖，其中非烧结砖又可分为压制砖、蒸养砖和蒸压砖等；按有无孔洞可分为空心砖和实心砖。用于清水墙、柱表面的砖，应比较整齐，色泽均匀。在使用这些砖之前应该提前 1~2d 进行浇水，应该保证普通砖的含水率在 10%~15%。在砌筑之前应该对放线的尺寸进行多次测量，可以允许出现规定范围内的偏差。应该根据施工的实际需要选择最佳的砌筑方法。当选择使用铺浆法进行砌筑时，应该保证铺浆的长度在 750mm 以下，施工时的气温超过 30℃时，应该保证铺浆的长度不应该超过 500mm，在相应的位置设置度数杆，特别是在转弯、拐角处，上面做好相应的标记，方便施工中查看。度数杆之间的距离应该超过 15m。在施工之前还应该对砖进行清理，避免砖上的杂物影响施工的质量。砖是建筑施工中最基本的材料，必须科学选砖。

（二）砖墙的质量要求

对砖的强度严格要求，保证其满足工程设计的需要，砌体的水平灰缝厚度一般为 10mm 而且不应该小于 8mm，也不能超过 12mm。应该对砌体的转角处和连接处同时进行砌筑，严格禁止出现没有可靠措施的砌筑施工。在砌体施工中应该考虑抗震效果，保证其抗震性满足国家相关规定；为了下面的施工程序，需要在墙上打出临时施工洞口，应该保证洞口的净宽度不超过 1m，砌墙的墙体上不应该设置脚手眼；每一层的承重墙都必须重点施工，设置专门的现场监察人员，一旦发现影响施工质量的问题，必须马上解决，然后才能进行施工。总之，施工单位必须认真对待砌墙的质量问题。

（三）屋面保温隔热材料

建筑施工中的屋面保温工程是十分重要的，根据工程设计的需要和相关产品的规范，对材料自身的吸水性、隔热性、外观等性能进行严格把关，在施工现场要注意对这些材料的贮存要防水防潮，在施工之前，应该根据配合比和相关施工要求进行操作，如果有需要还要进行试配。为了避免由于屋面出现裂缝而影响保温性能，应该设置伸缩缝，如果需要还要设置排气孔。

二、砌体结构的特点及适用范围

砌块墙构造的构造原理与砖墙又很多相似之处，在构造上也要求墙体具有足够的稳定性，但砌块的组合是一件复杂而重要的工作，为了使砌块墙合理组合并搭接牢固，必须根据建筑的初步设计经过多次试排，从而正确决定砌块的尺寸、规格。

（一）砌体结构特点

砌体结构在建筑工程中的应用非常广泛，但是砌体结构也有缺点。

首先其优点：

①砌体材料抗压性能好，保温、耐火、耐久性能好；

②材料经济，就地取材；

③施工简便，管理、维护方便。

缺点：

①砌体的抗压强度相对于块材的强度来说还低，抗弯、抗拉强度则更低；

②勃土砖所需土源要占用大片良田，更要耗费大量的能源；

③自重大，施工劳动强度高，运输损耗大。

（二）砌体结构适用范围

1. 砌块

砌块的使用范围可以根据从其原料和特点进行分析，砖、砌块根据其原料、生产工艺和孔洞率来分类。由黏土、页岩、煤矸石或粉煤灰为主要原料，经熔烧而成的实心或孔洞率不大于规定值且外形尺寸符合规定的砖，称为烧结普通砖；孔洞率大于25%，孔的尺寸小而数量多，主要用于承重部位的砖称为烧结多孔砖，简称多孔砖。烧结普通砖又分为烧结蒙古土砖、烧结页岩砖、烧结煤矸石砖、烧结粉煤灰砖等。以石灰和砂为主要原料，或以粉煤灰、石灰并掺石膏和集料为主要原料，经坯料制备、压制成型、高压蒸汽养护而成的实心砖，称为蒸压灰砂砖或蒸压粉煤灰砖，简称灰砂砖或粉煤灰砖。砖的强度等级用"MU"表示，单位为 MPa（N/mm²）。烧结普通砖、烧结多孔砖等的强度等级分 MU30、MU25、MU20、MU15 和 MU10 五级。蒸压灰砂砖、蒸压粉煤灰砖的强度等级分 MU25、MU20、MU15 和 MU10 四级。

2. 砂浆

砂浆质量对于建筑砌体工程质量有着重要的影响，砂浆可使砌体中的块体和砂浆之间产生一定的黏结强度，保证两者能较好地共同工作，使砌体受力均匀，从而具有相应的抗压、抗弯、抗剪和抗拉强度。砂浆按组成材料的不同，可分为：纯水泥砂浆；水泥混合砂浆；石灰、石膏、黏土砂浆。砂浆强度等级符号为"M"。规范给出了五种砂浆的强度等级，即 M15、Ml0、M7.5、M5 和 M2.5。当验算正在砌筑或砌完不久但砂浆尚未硬结，以及在严寒地区采用冻结法施工的砌体抗压强度时，砂浆强度取 0。

3. 砌体

国家对建筑砌体工程的相关实验进行了详细的规定，具体来说，轴压试验分三个阶段。第 I 阶段，从加载开始直到在个别砖块上出现初始裂缝，该阶段属于弹性阶段，出现裂缝时的荷载约为 0.5 ~ 0.7 倍极限荷载。第 II 阶段，继续加载后个别砖块的裂缝陆续发展成少数平行于加载方向的小段裂缝，试件变形增加较快，此时的荷载不到极限荷载的 0.8 倍。第 III 阶段，继续加载时小段裂缝会较快沿竖向发展成上下贯通整个试件的纵向裂缝。试件被分割成若干个小的砖柱，直到小砖柱因横向变形过大发生失稳，体积膨胀，导致整个试件破坏。由于砂浆铺砌不均，砖块不仅受压，而且还受弯、剪、局部压力的联合作用；由于砖和砂浆受压后横向变形不同，还使砖处于受拉状态；此外，由于有竖缝存在，使砖块在该处又有一个较高的应力区。因此砌体中砖所受的应力十分复杂，特别是拉、弯作用产生的内力使砖较早出现竖向裂缝。这正是砌体抗压强度比砖抗压强度小得多的原因。《规范》根据试验资料给出了不同砌体的强度设计值。而影响砖砌体抗压强度的主要因素包括：砖的强度等级；砂浆的强度等级及其厚度；砌筑质量，包括饱满度、砌筑时砖的含水率、操作人员的技术水平等。

三、砌体工程的具体施工程序

（一）摆砖样

摆砖样是砌体工程施工的第一步，也是正常施工的前期工作。在确定了基本的砖砌体之后就可以进行摆砖样，摆砖样基本不需要很多人力，物力，是对施工建筑的一个整体规划，因此，摆砖样起这很重要的作用，摆出的砖样的大小直接代表着施工建筑的大小。摆砖样要有一定的技术，最初始的摆砖样应该从基本的定线开始，门窗的摆砖很重要，要注意建筑门窗位置的摆砖，尽量将砖块和门窗之间的缝隙缩减到最小，在调整过程中可能有些砖块的大小不统一或者会有多余部分，所以要砍掉多余部分，以保证建筑的协调性，以及一定的美观性和稳定性。

（二）树干立皮

一般在砌墙时，为了保证砌起的墙的竖直，不会在砌墙的过程中出现倾斜，要悬挂准线。墙是从底部一层一层往上砌的，在砌墙的过程中，要用到水泥，用水泥将砖与砖之间隔开，以保证砖与砖之间不留缝隙，因此，水泥在砌体施工中显得尤为重要，在砌墙过程中，如果只是砖和砖的叠加，会导致砌的墙不牢固，而且这样砌墙时很容易倾斜，不能很好地把握它的竖直高度。在砌墙时设置准线，通过观察准线，施工人员可以很好地衡量墙体的竖直程度，同时也是检测施工质量的重要手段，也是砌墙工程重要的一个过程。

（三）砌筑

随着科技的进步，我国经济的发展，我国的人们生活质量的提高，人们的不仅仅满足于物质生活需求，更注重于精神的享受，因此砌体工程也面临着巨大的挑战。以前人们生活质量不高对砌筑的要求也不高，而且砌体一般是在农村，一些小城市，特别是在农村房屋的砌墙，人们的要求不高，只要能满足居住就可以，导致施工人员相对较随意，而且并不是严格规范。施工人员也没有一定的技术，他们只是为了挣钱而挣钱，不会特意去注重砌筑的技术性，因此，建造的房屋只适合住，安全性也没有一定的保障。所有的砌体工程都是一样的，完全没有创新。后来因为人们的要求高了，对砌体的要求也高了，以往的方式已不能满足人们的需求，很多人都去外地学习新的砌筑技术，学成之后，返回到自己的家乡，根据当地人的要求，结合传统习俗，在原有的基础上，运用新学到的技术进行创新，进而满足人们的需求。将我国的砌体技术传承下去。

（四）清理和匀缝

墙面的清理是伴随着砌墙的过程的，在砌墙的过程中要及时地清理墙面，以避免因墙体的一些不利因素造成对墙体的正确的判断。正常情况下，每砌 10 皮砖的高度就要对墙体进行清理一次，清洁好的墙体可以更直观对竖直程度，而且有利于施工人员的正常施工，另外在墙体砌筑过程中，会有很多的材料掉下来，比如像水泥，像砖，掉到墙体下面，不仅影响正常的施工，也会浪费材料。砌体施工本来成本就低，这也是为什么人们选择这一技术的主要原因，因此，在施工过程中要尽可能地减少原料的浪费。要对施工过程中掉下来的原料进行及时的处理，另外及时清理掉下来的材料，有利于施工的正常进行。也可以在砌墙完成后进行，匀缝可以提高墙面的美观程度，它是一种技术活，需要有一定的技术，才能完成这一工作，当然墙面的美观度和施工人员的技能也有关系，这就需要施工人员具有很好的砌筑经验和应变能力，要能够及时根据墙体的变化，适时进行调整。

四、砌体工程的质量控制

（一）影响砌体工程施工质量的因素

在实际施工过程中，有很多因素都可能会对砌体工程的施工质量产生不同程度的影响，有些是外部因素，有些则是施工单位自身的因素。其中外部因素很大一部分都属于不可抗力的范畴，例如地震、台风、雨雪等天气变化。而对砌体工程施工质量产生影响最为主要的因素就是施工单位自身的因素。对此，要想提高砌体工程的施工质量，就应当从环、料、法、机、人等多个方面着手，采取科学、有效的方法，对砌体工程的施工过程进行分析。

在砌体工程实际施工过程中，一个较为明显的问题就是在填充墙的抗震构造和施工设计中，对砌体中管线埋设对墙体产生的影响较为忽视。通过对砌体和柱、混凝土墙拉结筋设置的随意检查，发现的最主要问题为，砌块模数和拉结筋的位置之间不符合。其实，在大多数的工程施工当中，都能够规范的进行混凝土工程的施工，但是，在进行填充墙的施工时，尤其是对抗震构造措施提出设计要求的工程，却存在着很多不符合规范要求的情况。

（二）砌体工程施工质量控制中存在的问题

1. 砖块湿润度不足

在某些建筑物倒塌之后，砖砌体就会散落成散的砖块，甚至在一些砖块上，都没有沾有砂浆。这是因为在砌砖之前，没有按照规范要求对砖块进行充分的浇湿。在进行砖块砌筑之前，砖块的湿润度不足，砂浆的黏稠度也有所欠缺，因而造成了上述情况。砖块和砂浆之间，如果没有充分的黏结，将会使砌体的强度降低，其整体性也会受到削弱。此外，如果砌筑砖块较干燥，会将砂浆中的水分吸收，使砂浆出现失水的情况。如此，在水泥硬化的过程中，可能无法得到充足的水分，进而对砂浆的强度造成不良的影响。

2. 水平灰缝砂浆不饱满

在对砌体的强度产生影响的因素当中，水平灰缝砂浆的饱满程度是一个十分重要的因素。如果其饱满程度不足，在荷载的时候，砌体砖块将会受到多个受力面的接触，从而导致砌体处于多个受力的状态下，进而对砖块与砂浆之间的黏结效果产生影响。通常来说，如果水平灰缝砂浆的饱满度低于80%，就会出现瞎缝、透明缝等现象。

3. 砖砌体构成形式不合理

在砌体工程当中，砌体最主要的作用就是受压，因此，在砌体工程施工当中，应当重视砌体的稳定性和整体性，否则，将会对整个建筑物的质量安全产生不良影响。丁砖的数量将会直接影响砌体的横向拉结力，丁砖数量越多，砌体的横向拉结力越大。但是，如果组砌的方式混乱或错误，将会导致砌体的整体质量下降。发生这种情况的主要原因是由于施工人员对此缺乏重视程度，责任感不足。组砌形式不合理的情况主要表现为砌块的尺寸、规格等存在较大误差，导致竖缝宽窄不均匀。或是碎砖使用过于集中，使砌层之间出现直缝或两层皮的情况，砌层之间搭接在25mm以下。此外，还可能由于采用了包心砌法导致砖层里外皮无法咬接，出现通天缝，降低整个砌体的强度。

4. 墙面不平整

实际施工过程中，造成墙面不平整的原因主要是在进行同一砖层的施工过程中，发生拉线错行或起线不一致的情况，进而造成螺丝墙的情况。无法有效的咬圈，对圈梁断面的尺寸产生影响，进而影响后续工序的施工。或者使皮数杆标记不明、没有立准、发生错位，或砖层没有按照皮数杆进行控制。或是没有刮干净混水墙舌头灰、没有用外手挂线砌二四墙、没有用双面挂线砌三七墙等，都会导致墙面不平这的情况。

（三）加强砌体工程施工质量控制的措施

1. 提高施工管理人员的素质和能力

通过砌体工程施工质量控制中存在的问题我们可以发现，砌体工程质量的不足，与施工管理人员的素质偏低、能力不足、缺乏责任感、工作不到位等情况有着直接的联系。因此，应当对施工管理人员进行定期的教育和培训，使他们对砌体工程的要求、设计、规划等方面加深认识。此外，应当建立相关的制度和规范，按照规范的标准对施工管理人员进行严格的管理。如果在实际施工当中没有按照相关规定标准进行操作和管理，应当给予相应的处罚。定期组织施工管理人员学习新的规范和制度要求，提高他们的思想意识和素质能力，改变其过去错误的行为和观念，将建筑施工队伍的整体素质进行提升。

2. 对施工流程进行严格控制

在进行砌筑之前，应对砌筑的部位进行仔细的检查和清洁，清理干净之后，对其浇水进行充分的润湿。通常浇水润湿工作应当提前两天进行，砖块四边 1.5cm 都应当侵入水。对砂浆的和易性应当进行改良，在使用当中，要适时的进行搅拌。实心砖墙砌体的水平灰缝砂浆饱满度应当保持在 80% 以上。对样板开道的原则要遵循，由于砌体工程施工质量与泥土的水平有直接关系，因此要严格进行泥工的筛选。

此外，可以执行砌筑人员和日期上墙，以提高施工人员的责任感。在 1m 以下宽度的窗间墙中，砌体施工应当采用整砖。在一些受力较小的砖墙中，才可以使用半砖或受损的砖块。在进行墙体砌筑的时候，每天应当保持 1.8cm 以内的砌筑高度。如果是在多雨的季节，则每天砌筑高度应当控制在 1.2cm 以内，同时还应当多砂浆采取防雨冲刷的措施，例如对砌筑好的墙体用防雨材料进行覆盖等。此外，如果砌筑采用的使铺浆法，应当控制在 750mm 以内的铺浆长度。如果是在 30℃ 以上的天气施工，应当控制在 500mm 的铺浆长度。

在搭接墙体砖缝的过程中，应当在砖长的四分之一以上，内外皮砖层应当设置一层丁字砖每隔 20cm 进行拉结。在受力较小的墙心位置，可以使用半砖或破碎砖。在组砌砖柱的过程中，组砌方式要根据实际情况进行选择，但不能选择包心砌法。异型尺寸砖在砌筑当中的使用，切割应当使用无锯齿。抹灰在砖柱横竖方向上要饱满，砌筑一层之后，应当进行刮浆塞缝的操作，以提高砌体的强度。在一栋建筑物的砌体施工中，应当选用同一砖厂生产的砖，避免砖的尺寸、规格的误差，防止改变组砌方式。

弧拱式和平拱式过梁的灰缝，应当成楔形缝砌筑。拱顶灰缝宽度应在 15mm 以内，拱底灰缝宽度应在 5mm 以上。保留 1% 的起拱在平拱过梁底部，填充砂浆在拱体和横竖灰缝中。在灰缝砂浆达到 80% 设计强度之后，才可拆除砖过量底部的模板和支架。同时，为了确保灰缝平直，应当彻底清理接搓处表面，并且充分润湿和填充砂浆。

砌体工程是在一些小城市和农村比较普遍的一种施工方式，这一技术在我国已有很多年的历史，它的施工技术和注意事项也已经非常成熟和完备，砌体工程之所以能在我国这么普遍，很大程度上是因为施工成本不高，施工取材容易，造价也比较低，能被很多人接受，近几年，随着我国科技的发展，人们生活水平的提高，人们的要求越来越高，我国的砌体施工也在相应的发展，但是仍然砌体工程在面临着巨大的挑战，原有的砌体工程技术必须在之前的基础之上进行必要的创新。

第四节　空心楼（屋）盖施工

2003 年 1 月 2 日，建设部发布 2004CPXY《全国民用建筑工程设计技术措施—建筑产品选用技术（结构）》，书中第 90 页将现浇混凝土空心楼盖技术这个词条收录进来，这是我国对于现浇空心楼盖技术理论的第一次推广。从 2005 年到现在，我国境内已经有数以千计的建筑工程项目采用了现浇空心楼盖技术。2008 年的鸟巢国家体育场和国家奥体中心都是此技术的受益者。可以说，空心楼盖技术越来越被人们所接受和应用，它是一种符合现代化与世界发展潮流的施工工艺。

一、空心楼盖

空心楼盖，顾名思义它的楼板是空心的。空心楼盖的施工时要在砼浇筑前，在模板上放置芯模使楼板变成空心。这种结构的楼板较为平整和简洁，有别于传统的楼盖梁板结构，它没有明梁，所以它的净高也可以增加，这样又可以增强隔音效果。目前，空心楼板技术常用于城市内的大型公共建筑中。

（一）现浇混凝土空心楼盖

现浇混凝土空心楼盖就是在制作空心楼盖时直接浇筑砼柱、梁、板等，现场形成结构框架。它不同于预制混凝土，不需要二次安装单个构件。现浇混凝土空心楼盖在浇筑完成后进行水养护成形，整体性更加优秀，是空心楼盖技术中最为常见的一种。

（二）现浇混凝土空心楼盖设计原理

现浇混凝土空心楼盖技术是近几年的建筑结构施工新技术，发展时间并不长。它十分适用于大空间、大结构、大跨度的建筑。在混凝土受穿构件中，可以从受拉区中除去一部分混凝土，使得截面构件形成一个"T"字，这样做的目的就在于节约材料和减轻自重，但是从正截面的强度来观察，现浇混凝土空心楼盖和普通楼盖的承重能力却是完全相同。所以说，在现浇混凝土空心楼盖中放置空心薄壁筒体构件，从而打出一个孔洞，沿着布管方向的板的截面形成一个"工"字截面，它垂直于平面外的"工工"字截面，这两种截面的承载能力与等量的实心板相同，但是"工"字截面却是减轻自重的，所以空心楼盖的配筋用料要比普通的实心板要少，同时也减轻了楼体承重支柱的荷载。

（三）空心楼盖的在技术应用方面的优势

1. 适于大型建筑。空心楼盖技术之所以可以在近几年得以广泛应用，一是由于它定位与公共大型建筑。由于我国近年来对于城市建设加大力度，许多大型公共场所纷纷建成，所以空心楼盖的技术也就得以兴起。尤其是在 2008 年北京奥运会上，国家奥体中心、水立方和鸟巢国家体育场都运用了这种新技术，效果很好。

2. 减少建筑耗材。空心楼盖在浇筑混凝土时由于在楼板中心放置了空心薄壁筒体构件，形成了一个稳定的内部支撑结构，减少了对于配筋和混凝土的消耗，所以在原料上的用量有所减少。

3. 减轻楼盖自重。同理于上一条，因为改变了楼板中心的内部结构，减少了耗材，所以同时也减轻了楼盖自重。

4. 相比于传统的实心楼板，空心楼板的隔音更好，且具有更优秀的隔热与保暖效果。

5. 混凝土浇筑技术的改变减少了工程量，从而缩短了工期并降低了成本。

6. 更加美化。因为空心楼盖的设计又称无梁楼盖。是因为在楼盖的薄壁管内填充了轻质材料减轻了自重，不需要明梁的加固支撑，所以形成了真正意义的平板楼盖，更加的美观和简洁，并且在施工中减少了吊顶这一项复杂且繁重的工序。

7. 完美的抗震效果。空心楼盖技术虽然发展只有几年，但是却起到了关键作用。它不但让北京奥运会得以受益，也为我国汶川地震做出了不可磨灭的贡献。因为汶川大地震期间，在都江堰、成都等地所建设的 300 个空心楼盖工程都完好无损，没有一例出现裂缝和坍塌等损坏情况，最大限度地保护了地方及国家财产。

空心楼盖技术的诸多优点让它成了如今建筑业中性价比最高的一种建筑技术工艺。

（四）空心楼盖技术产品

空心楼盖技术符合现代社会的发展，就是生态环保以及对于能源的循环利用与节约，是一种经济适用型技术。GBF 蜂巢楼盖就是一种经济环保的新产品，它是用无机胶凝材料搭配玻纤网格布、钢丝网片和钢筋而成的空心构件。施工过程中，在现浇混凝土的楼板中预埋 GBF 蜂巢芯，就可以形成一种类似于网格密集的空心楼盖，这增加了楼盖的韧性和强度，并且蜂巢芯重量很轻，还能增加建筑空间的净高，是一种可以简化整个施工但又不降低安全系数并增加美观的新兴空心楼盖产品，由于空心楼盖韧性的增加，对于混凝土用量的大幅度减少，受力构件却得以优化。不仅具备了经济效应，也增加了抗震能力。

二、现浇混凝土空心楼盖的施工

（一）施工原理

在现浇混凝土的楼盖结构中要绑扎密肋梁，在其间安防 BDF 薄壁箱体，并且在箱体的底端要加注一层防裂钢丝网，目的在于非抽芯而形成的现浇混凝土空心楼盖。

（二）施工流程

在现浇混凝土空心楼盖的构造施工中，要做好施工准备，将现浇混凝土空心楼盖所需要的砼柱、梁、板、混凝土等原材料准备齐全并进行现场浇筑；其次是确定密肋梁的弹线绑定位置，在密肋梁底部铺设底层防裂钢丝网并绑扎好框架梁、暗梁、密肋梁钢筋等基础材料；随后在通过预埋管线和薄壁箱体的设置后，进行楼板钢筋网的绑扎，这样就可以形成一张处于空心楼盖内的网状结构了，而混凝土浇筑完成之后，对其进行水养护成型，最后一面完整的空心楼盖板就完成了。

（三）施工注意事项

对空心楼盖的施工过程一定要做到思维缜密并面面俱到，因为楼盖的稳定性直接影响到建筑内人员的人身安全，必须重视。

1. 要在施工前仔细审查和阅读图纸，组织相关施工人员熟悉图纸并探讨分析施工中可能遇到的种种问题以及特殊情况，并预先安排好对应措施，让施工顺利展开。

2. 对于施工中所设置的薄壁箱体、钢筋以及对于密肋梁的绑线位置一定要事先确定好并且不能出现工序的遗漏，一旦遗漏，在后续的施工中将会很难弥补。

3. 穿楼板的管道应该按照事先设置好的位置进行击穿，与周围钢筋焊接的位置要计算好，不能出现严重偏差，并且拒绝工程后的各种修改剔凿。

4. 对于工程中的薄壁箱体和密肋梁等重要工程元件要做到轻拿轻放或者采用专用工具进行吊装，防止乱扔乱放造成的损坏。

5. 禁止施工人员对薄壁箱体进行踩踏，在施工中应该设置可供施工人员来回行走的便道以避免施工人员无意中对于薄壁箱体的踩踏或将施工工具放于薄壁箱体之上。

6. 混凝土在浇筑完毕后的养护格外重要，这是保养过程，关系到空心楼盖的最终成型。平时应该采用塑料膜进行覆盖，以保证混凝土的表面湿润。而冬季施工时，混凝土在浇筑完毕后应该采取相应的保温养护，待到混凝土空心楼盖达到标准所需的强度后才可以进行安装。

虽然只有短短几年时间，但是我国在研究发现浇混凝土空心楼盖技术上已经有了长足的进步，城市里林林总总的利用空心楼盖技术的大型公共建筑就是发展成果。它不但从自身上减少了耗材节省了工程成本，也带来了设计上的简洁美观，随着空心楼盖技术的发展，它更应该在不久的将来进入千家万户，发挥它隔音隔热的重要性，为居民住宅提供更多的便利与舒适。所以更深入的研究空心楼盖技术，让它适用于各种条件从而普及人们的生活，应该是空心楼盖技术发展的方向和目标。

第五章　结构安装工程施工技术

第一节　起重机械

一、起重机械能耗检测与评价

由于之前我国对于起重机械的节能和经济性重视不够，导致我国在用起重机械金属结构体积庞大，机构传动效率低，驱动功率大，能耗严重。目前，我国已经从各个方面进行节能技术研究。

（一）起重机节能研究现状分析

关于起重机的能耗检测和节能评价研究方法的内容主要包括起重机节能指标的建立、起重机节能指标的检测和分析、指标体系中各个指标的量化处理，采用的节能评价方法有：综合评价方法、模糊综合评价方法、赋值方法、层次分析法等。以上关于是起重机械的能耗检测和评价体系相关的研究方法内容。

目前，对起重机械的能耗检测方法和评价体系的研究相对较少。屈福政等对汽车起重机的工作性能指标体系进行了研究，严大考等对履带式推土机的总体设计方案进行了模糊优选，费烨等在履带式推土机的总体设计方案优选上，提出灰色系统理论，构建了灰色模糊综合评价模型，严骏等对起重机械能耗的评价体系进行了分析研究。

综上所述，目前，我国起重机械能耗检测与评价技术研究和应用还处于初步阶段。虽然国外在起重机节能方面做了大量的工作，取得了可喜的成果，但是，只是涉及起重机某些方面，缺乏整体性能耗考虑。从起重机械能耗检测与评价技术等诸多方面对起重机械节能机理及其检测、评价技术进行系统的研究，提出起重机械的能耗评价指标体系及其评价方法，为我国制定起重机械节能法律法规和标准奠定基础，这项工作的完成将使我国起重机械的节能技术赶上甚至超过国际先进水平。

（二）起重机节能评价关键技术

1.建立起重机节能评价指标体系及确定权重

（1）起重机械能耗评价指标体系的建立

考虑到能耗评价体系的公平、准确和高效，在建立评价指标体系时需遵循以下原则：系统全面性原则、简明科学性原则以及灵活可操作性原则。研究拟提出能耗成本—效益指数（ECI）（这里的成本指标是指标值越低节能效果越好的指标，效益指标是指标值越高节能效果越好的指标），建立综合考虑结构节能、传动节能、电控节能以及设计质量、制造工艺、使用成本等节能因素的、基于 ECI 的可扩展的柔性能耗评价指标体系。

（2）机械能耗评价指标权重的确定

权重是一个相对的概念，是针对某一指标而言。某一指标的权重是指该指标在整体评价中的相对重要程度。权重表示在评价过程中，是被评价对象不同侧面的重要程度的定量分配，对各评价因子在总体评价中的作用进行区别对待。事实上，没有重点的评价就不算是客观的评价。总之，权重是指对评价指标体系中的各评价指标用一个系数来表示它们在整个评价体系中的重要程度。针对传统权重确定的主观性较强这一问题，研究基于粗集理论的起重机械能耗评价指标权重的确定。利用粗集理论，无需提供客观数据集合之外的任何先验信息，仅根据现有设计与应用数据通过比较知识不完整的程度发现数据的关系，简化信息处理，并形成决策表。同时，利用粗集理论对未确知信息进行简约处理，找出影响决策目标的主要条件属性及确定各条件属性的权重值。

2.起重机械能耗指标的检测研究

起重机的主要能耗包括起升系统、小车与桥架的运行系统、驱动装置和控制器、其他电器设备的能耗，以及广义上的制造与使用成本耗用等。而起重机能耗主要集中在起升机构、小车运行机构和大车运行机构。

（1）研究检测影响各机构能效的因素影响起升机构的能效指标主要包括机构传动形式、拖动类型、电机功率因数、额定载荷、额定起升速度、起升高度。

影响小车机构的能效指标主要包括机构传动形式、拖动类型、电机功率因数、额定载荷、运行速度、运行距离、小车自重、上拱曲线。影响大车机构的能效指标主要包括机构传动形式、拖动类型、电机功率因数、额定载荷、运行速度、运行距离、整机自重。

（2）采用测量瞬态功率的方法对起重机能耗情况进行动态测量可以由高精度功率分析仪或电能质量分析仪完成（需要具备数据导出接口），采集起重机在各个运行过程中的电流、电压、速度信号，使用 Dsp 芯片和 Cpu 计算出固有周期内的电流、电压、功率因素、有功功率、无功功率和视在功率等，并进行实时存储。并最终通过数据处理，得到各个工况下的能耗。

（3）起重机的工作特点和能耗形式决定了需要考虑多种工况下起重机的能耗，因此，研究拟采用模拟实际工况法进行检测，并以模拟实际工况为基础对某些典型工况进行检测，找到与实际工况最为相近的模拟方法，从而比较准确地反映起重机械的实际能耗水平。

（4）基于上述能耗检测，构建基于WEB的分布式虚拟能耗检测系统，协同完成检测指标的计算与分析。

3. 起重机械能耗评价研究

利用上述所建立的评价指标体系、已确定的评价指标权重系数以及检测获取的指标值，对工程起重机械进行综合评价。

研究起重机械能耗的模糊优选模型，通过模糊数对定性指标进行量化，来有效地减少信息损失。将整个评价过程运用到起重机械综合节能性能对比中，通过其综合评价结果了解起重机械设计方案中的不足，从而有目的地进行改进；另一方面，用户可以比较不同起重机械的综合性能，选用适合自己的产品。

二、建筑起重机械安全管理

（一）建筑起重机械安全管理的突出问题

本节中的建筑施工起重机械，是指纳入特种设备目录，在房屋建筑工地和市政基础设施工程中使用的建筑施工起重机械，具体包括塔式起重机、施工电梯以及物料提升机。当前，建筑起重机械安全管理存在如下主要突出问题。

1. 设备备案不规范

根据《备案办法》的规定，设备备案时产权单位必须提供齐全的技术资料，但目前存在大量现实问题：

（1）设备备案地往往与实际使用地相背离，政府管理部门难以监管。

（2）设备备案一般只需出具特种设备制造许可证复印件，而部分旧设备的生产厂家的状况难以查证。

（3）设备产品合格证或制造监督检验证明遗失，部分地区允许以设备安全技术性能评估替代，而实际上这种安全技术性能评估往往流于形式。

2. 设备出租行为不规范

由于建筑起重机械投资回报率较高，因此许多单位和个人纷纷购买设备用于出租，其中个人出资购买的设备一般挂靠经营。这些产权单位大部分没有施工资质，更不具备起重设备安装的施工资质，也不具备设备检查、维修能力。部分产权单位在建筑市场上承接出租业务后，将设备初始安装业务委托给专业的安装、拆卸施工企业。在初始安装之后安排自己的司机使用设备，自行检查、维护，甚至增加设备标准节、安装附墙装置等，给设备安全管理带来重大隐患。

3. 设备安装、拆卸行为不规范

目前，专业安装、拆卸施工专业承包企业与总承包企业签订的承包合同一般包括自初始安装至拆卸、退场全过程。但在实践工作过程中，专业承包企业完成初次安装后，后续

的工作，如加标准节、安装附墙、拆卸等工作常常由其他单位来完成，尤其是不具备相应资质的产权单位或总承包单位来完成。

4. 设备使用管理混乱

在设备使用过程中，往往是出租单位提供司机使用设备，而安装、拆卸单位不负责检修、维护，总承包单位以包代管，项目部无专业人员管理设备，安全管理体系不健全。

5. 特种设备作业人员无序流动

目前，特种设备作业人员随意更换工作岗位的情况很普遍，企业对其难以约束。特别是部分塔式起重机司机责任心不强，对设备不检查、不保养，不严格遵守操作规程，致使设备常常带病作业，事故险情不断。

6. 安全监理能力欠缺

当前监理单位已经按国家规定承担安全监理职责，但是监理工程师一般以质量监理工作为主，安全监理工作为辅，其专业安全监理知识不足，尤其缺少对建筑起重机械进行安全检查的专业技能，不能更好地履行安全监理职责。

（二）建筑起重机械安全管理的建议

对于上述存在的问题，需要采取有针对性的措施，特别是要控制住设备备案、出租、安装及拆卸、使用四个环节，并明确参建各方的安全责任。

1. 加强起重机械信息管理

起重机械信息管理是加强起重机械管理的重要手段，是实施其他管理手段的基础。

（1）起重机械备案信息管理。

按照《登记办法》，起重机械设备备案工作由县级以上地方人民政府建设行政主管部门负责。为了提高起重机械备案工作水平，建议将此工作上调一级，由地市级以上地方人民政府建设行政主管部门委托安全监督机构负责统一办理，备案机构定期向社会公示有关备案信息。

（2）安装、拆卸单位及安装、拆卸作业人员信息登记。

凡在当地从事建筑起重机械安装、拆卸的企业，应携带本企业营业执照、资质证书、安全生产许可证以及安装、拆卸作业人员操作证、聘用合同，以及联系人的法人委托书，到当地安全监督机构办理登记手续，安全监督机构将定期公示。涉及企业及人员变更的，应及时办理变更手续。

（3）起重机械司机信息管理。

凡在当地使用建筑起重机械的企业，应建立建筑起重机械司机档案，定期上报当地安全监督机构，安全监督机构检查司机信息档案。由于司机用工信息量太大（人员众多且变动频繁），由安全监督机构直接管理工作量过大，建议当地成立建筑起重机械协会，实行行业自律，由协会管理有关信息。

（4）起重机械安装、使用登记信息管理。县级以上安全监督机构应收集有关信息，并上网公示。

（5）县级以上安全监督机构应定期将起重机械安全管理动态、安全事故以及单位与个人的不良行为等信息网上公示。

2. 建筑施工起重机械备案管理

设备备案管理的核心就是要控制设备备案的准入条件，将大量不符合《管理规定》、《登记办法》的设备清除出建筑市场。

（1）根据《登记办法》，设备产权单位应当在本单位工商注册所在地办理设备备案，从其本意而言，就是要保证设备备案证的唯一性、权威性，但是这一制度实施有一定难度。其一，目前全国建筑起重机械信息库还远未建立，各地备案部门不能信息共享，加上各地发放的备案证书、登记牌不完全相同，外地证牌难以辨识真伪，存在假冒的可能性；其二，在建筑业输出地区，备案机构要为工商注册地在本地的施工企业的起重设备办理备案证，则意味着要核查这些企业分散在全国各地的全部设备的现状，工作量非常大，短期内难以实现；其三，设备备案地与实际使用地背离，两地备案机构均难以实施监管。鉴于此，建议对于外地施工企业在当地设立的分支机构（仅指分公司，不包括项目部），如其设备尚未在本单位工商注册所在地办理备案证的，可以申请办理，但仅限于在当地使用。

（2）根据《登记办法》，办理建筑施工起重机械设备备案应资料齐全。建议设备的特种设备制造许可证（复印件）、设备产品合格证或制造监督检验证明不齐全，不得办理设备备案。

旧设备在办理设备备案时，除了设备安全技术档案外，还应提供有相应资质的评估机构出具的设备安全技术性能评估合格证明。已取得设备备案证的设备在办理产权变更时，应提供初始备案后的安全技术档案，以及有相应资质的评估机构出具的设备安全技术性能评估合格证明。

（3）建设部关于发布《建设事业"十一五"推广应用和限制禁止使用技术（第一批）的公告》（建设部公告第 659 号）以下简称《技术公告》所禁止使用的建筑施工起重机械不得办理备案。对于超过公告规定年限的建筑施工起重机械，建议备案机构不应办理设备初始备案，不办理设备产权变更手续。

（4）由于额定起重力矩小于 400kNm 的塔式起重机安全性能较差，应引导逐步退出建筑市场，因此建议备案机构不办理设备初始备案；已经取得备案证，但超过《技术公告》规定年限的，备案证书失效。

3. 建筑施工起重机械出租管理

设备出租管理的核心就是要规范产权单位出租行为，制止转租，避免无起重设备安装资质的出租单位实际管理设备。

（1）建筑施工起重机械不得转租，出租单位只能将自有产权设备直接出租给施工总承包单位。出租单位签订出租合同时，必须在合同中注明工程名称、建筑施工起重机械型号、设备备案证号等内容，并约定双方的安全生产责任。

（2）出租单位在签订出租合同时，必须出具设备自检合格证明。出租单位不具备起重设备安装施工资质的，则必须经有相应资质的评估机构对设备进行安全技术性能评估，评估合格方可出租。

（3）出租单位如果不具备起重设备安装工程施工资质，则不得在出租合同中约定安装拆卸内容，不得约定由其安排设备司机，不得约定由其负责使用过程中的设备检查、维修。

4. 建筑施工起重机械安装拆卸管理

设备安装拆卸管理的核心工作有二：一是限制起重设备安装工程增项资质的施工总承包企业对外承接业务；二是在设备使用过程中，非合同约定的建筑施工起重机械安装拆卸单位不得安装拆卸设备。

（1）建筑施工起重机械安装拆卸单位必须是具备起重设备安装工程专业承包资质的企业，或者是具备起重设备安装工程增项资质的施工总承包企业。因为总承包企业办理该增项资质的出发点是为本单位提供服务，特别这些企业在外地设立的分支机构实力较弱，容易滋生出借资质的行为，所以建议对具有起重设备安装工程增项资质的施工总承包企业，原则上不允许其分支机构为其他单位总承包的工程项目安装拆卸建筑施工起重机械。

（2）不具备起重设备安装工程增项资质的施工总承包企业，应当委托有相应资质的专业承包企业进行安装拆卸，并在安装前签订委托安装拆卸合同，委托合同应约定设备使用单位。

（3）委托安装拆卸合同应包括设备安装（含加标准节、安装附墙装置）、拆卸（含减标准节、拆卸附墙装置）全过程。除合同约定的建筑施工起重机械安装拆卸单位外，其他单位不得从事上述作业。若有违反，建设、监理、施工单位均应予以制止并向安全监督机构报告。由于擅自安装拆卸设备一般是施工总承包单位所为或其许可，因此建议：在施工过程中需变更建筑施工起重机械安装拆卸单位的，总承包单位应负责落实在安全监督机构重新办理安装备案以及使用登记手续。

（4）建筑施工起重机械安装拆卸方案应经安装单位、施工总承包单位技术负责人以及总监理工程师审批，方案内容应包括作业环境，如影响机械运行的相邻建筑物及附属物、设备或外电线路状况等。

（5）当建筑施工起重机械基础形式达不到设备的安装使用说明书的要求，或者设备基础存在安全隐患时，施工总承包单位应委托设备生产厂家或有相应资质的设计单位根据施工现场的实际情况重新设计。

（6）建筑施工起重机械安装拆卸作业应严格按照 DB50/5021-2002《塔式起重机安装与拆卸技术规范》和 DBJ50-072-2007《建筑施工升降机安装与拆卸技术规程》等相关技术标准操作。

（7）《管理规定》第二十条规定，不得安装非原制造厂制造的标准节和附着装置。从实际情况看，非法制造或换用标准节的情况已经较少，但制作、加工附着装置的情况大量存在，其原因是原制造厂提供的附着装置数量少，类型较单一，难以适应施工现场的需要。对于这一难题，有的地区允许由有特种设备维修许可的企业制作、加工附墙装置，有的地区提出由有资质的设计单位设计、有钢结构施工资质的单位制作的附墙装置可用于工程。上述做法"合理不合法"，有待商榷。

5. 建筑施工起重机械检测和验收管理

（1）《建设工程安全生产管理条例》和《管理规定》对起重设备检测和验收程序已做出了明确规定，鉴于参建各方"阴阳合同"广泛存在的现实，为界定参建各方的安全生产责任，建议要求使用单位在办理使用登记后向安全监督机构提交齐全的设备安装备案、使用登记资料。

（2）使用中的建筑施工起重机械遇有下列情形之一的，应由相应资质的检测机构再次进行检测，合格后方可继续使用：①初次检测合格后使用时间每超过1年的；②停止使用半年以上的；③设备使用中经过大修的；④发生设备事故或因自然灾害受损的。

6. 建筑施工起重机械使用管理设备使用管理的关键是突出使用单位的核心作用

（1）建筑施工起重机械使用管理主要由使用单位负责，使用单位负责安排设备司机，并负责使用过程中的设备检查、维修。使用单位应是该项目的施工总承包单位（排除分包单位，是为了体现施工总承包单位承担总的安全责任的原则），或者是该设备的安装拆卸专业承包单位。

（2）使用单位应根据JGJ160-2008《施工现场机械设备检查技术规程》、GB5144-2006《塔式起重机安全规程》、GB10055-2007《施工升降机安全规程》对建筑施工起重机械加强管理。

（3）施工总承包单位的安全管理机构、项目部应设有专职设备管理人员，负责设备安全管理。

（4）设备使用单位应安排司机每周至少检查一次设备，安排专职检查人员每月至少检查一次设备，并应及时填写检查、维修记录。如果委托安装拆卸合同约定设备的安装拆卸单位是其使用单位，则该单位应将记录表及时上报给施工总承包单位，施工总承包单位至少每月检查一次设备以及使用单位的工作情况。如果施工总承包单位是设备使用单位的，则应自行负责设备检查、维修，并填写有关记录。

（5）塔式起重机起升高度在30m以内的，指挥可兼任司索，高度在30m以上或者作业环境复杂的，指挥、司索应分开设置。

（6）施工现场应将建筑施工起重机械列为重大危险源，并应在危险源公示牌上标明使用单位及责任人。

（7）临近街道、学校、幼儿园、社区和商业区等公众通行、聚集场所，且塔式起重机工作范围超出施工场地围墙的工程，施工总承包单位应采取有针对性的安全防护措施。

（8）施工总承包单位负责施工电梯作业环境的防护、楼层呼叫系统以及层门的管理。

7. 建筑施工起重机械安全监理管理

监理单位应当认真落实建设部《关于落实建设工程安全生产监理责任的若干意见》以

及相关管理规定，按照法律、法规和工程建设强制性标准及监理委托合同实施监理，对所监理工程的建筑起重机械安全生产进行监督检查，具体内容包括：

（1）监理单位应按照《建设工程监理规范》、《监理规划》和相关规范要求，编制建筑起重机械安全监理实施细则。

（2）监理单位应审查核验施工单位提交的有关技术文件及资料，核查安装单位资质和安全生产许可证是否合法有效，以及特种作业人员的特种作业操作资格证书是否合法有效且人证相符。

（3）监理单位应对施工起重机械安装、拆卸作业进行旁站检查，定期巡视检查设备作业情况，核查施工起重机械安装拆卸验收记录、设备运行记录以及检查、维修记录等资料。

（4）监理单位应对施工现场起重机械安全生产情况进行检查，对发现的安全事故隐患，应书面通知施工单位，并督促其立即整改。情况严重的，监理单位应及时下达工程暂停令，要求施工单位停工整改。施工单位拒不整改或不停工整改的，监理单位应当及时向工程所在地建设主管部门或安全监督机构报告。

随着社会的发展，建筑起重机械安全管理存在的新问题将不断出现，各地建设行政主管部门及安全监督机构、各参建单位要根据相关法律法规，认真落实对施工现场建筑施工起重机械的管理责任，切实提高安全生产水平。

第二节　工业厂房的钢结构安装

一、钢结构的前景

（一）钢结构的维护

传统的土木建筑工程有一个很大的缺点就是其易腐易燃，而钢结构正好有效地克服了这个缺点，但是在钢结构的维护和防火处理上同样不能掉以轻心，由于钢结构的本身性质，其在维护方面的投资还需要加大投入，完善对钢结构的维护。

（二）高层钢结构的探索

近些年来，我国的高层建筑大批的兴起，其中很多的建筑都是采用的钢结构体系或者将钢结构体系和钢筋混凝土进行结合的体系。由于这项技术的要求比较高，所以大都是引进外资完成，由国外的人承担主要设计，提供技术支持，在国内进行施工安装。国内有这种技术的企业极其稀少，所以，我国至今在高层钢结构建筑方面的技术还不够，与一些掌握这项技术的国家还有很大的差距，所以我国还需要加大研究，加大对这一方面的探索。

（三）结构设计理念和方法的融合

钢结构的合理运用离不开设计理念和方法的进一步融合，在满足了钢结构的安全基础下，对钢结构的深入研究可以有效促进钢结构安装的发展。将结构和构建的计算方法进行强化，从而更精确的反应工作的实际情况。在设计理念方面的研究问题有钢结构的塑性设计问题、钢结构的结构稳度问题、钢结构的稳定影响因素问题等，这些问题都在等待解决。

（四）钢和混凝土组合结构的研究

钢和混凝土的结合式建筑行业一个很好的创新，集合了混凝土和钢结构的特性，使得一个构件可以有多个用途，这种结构还是一种比较经济的结构。在现在的很多桥梁建筑和房屋建设中都被广泛地应用。

二、施工前的准备工作

（一）机械设备的安装和施工准备

根据厂房结构安装的工程量、工期要求及起吊高度、单根构件质量，选用 4 台 30t 履带式起重机为主机进行厂房结构安装，2 台 25t 汽车吊配合安装。

在完成基础测量和现场实地交接工作后，测量人员可按资料和规程对各项基础数据进行复测。

复测内容主要包括以下几点：

①根据控制网检查柱基础行线、列线的定位情况；

②检查各行线、列线是否在同一轴线上；

③检查各行距、列距是否符合设计要求；

④检查底平面基础标高是否符合设计要求。

（二）现场施工人员的准备工作

现场施工人员的准备工作主要包括以下几点：

①施工人员应熟悉图纸和安装现场的基本情况；

②在施工前，要对施工人员进行施工安全和吊装技术方面的交底；

③吊装的起重工人应熟悉配合吊装的起重机械性能；

④在吊装前，检查安装的机具是否齐全；

⑤准备好吊装所用的一些辅助设施和安全设施（比如直爬梯、吊笼、安全绳等）；

⑥测量基础标高并配备好垫板。

三、钢结构的安装施工

（一）柱子和柱间支撑系统的安装

在安装主钢系统时，要先找平，清理干净钢柱的基础，并按照规范要求和设计要求，在螺栓的四周和柱底板下方使用楔铁和垫铁调整钢柱的标高。

在吊装钢柱时，采用旋转的方式一次性起吊。在起吊的过程中，不准出现斜扯和拖拉的情况。在完成各个钢柱的吊装作业后，先使用4根缆风绳从4个方向将其拉住，然后再校正，并及时收紧缆风绳，确保即使钢柱垂直也可以达到规定要求。在校正时，需同时放松两侧的楔铁，并将钢柱上端的极限偏差控制在10mm以内。按此法继续吊装其余的钢柱。在吊装首段钢柱时，要做好埋件的复测工作，并在此基础上做好放线工作。

按照钢柱底部标高调整螺杆上的螺帽。钢柱经过初校，待垂直度偏差不超过20mm、地脚螺栓螺帽已拧上且初步固定后，方可使起重机脱钩。

检查钢柱的垂直度和肩梁上表面标高，如果有偏差，可用螺旋千斤顶或油压千斤顶校正。在校正过程中，要先松开螺帽，然后再调整垂直度和标高。需要注意的是，不可一次将螺帽松得太多，同时，要随时观察柱底部与标高控制块之间是否脱空，以防止校正过程出现水平标高误差和柱倾倒现象，必要时拉设缆风绳。

在吊起钢柱后，立即将地脚螺栓穿入钢柱底板，并放在调整好标高的螺丝帽上，使基础放线中心线与柱子四面中心线吻合；在将偏差控制在规定范围内之后，穿上压板后拧紧螺栓。此时，钢柱就位工作完成。在地面上将需要吊装的支撑拼装好，然后进行整体吊装，同步矫正柱子和柱间支撑的准确度。对于钢柱两跨间的垂直度，采用在柱子底部垫铁的方式调整，并利用柱间支撑来调整钢柱两轴之间的垂直度，最后进行固定。

（二）屋面系统的安装

1.屋面梁组装

由于屋面梁分段片到场，因此需要在现场组装后再安装。屋面梁的组装分以下两个步骤完成：

①组装平台。屋面梁的组装平台采用钢凳、垫板共同搭设而成。钢凳的形状、大小同钢柱马凳。

②组装屋面梁。施工人员用吊车将标记好的屋面梁左右两片依次放置在已搭设好的平台上进行预组装。

由于放置在平台上的屋面梁的总长度不易调整，因此在预组装时，需控制好屋面梁的总长度和下弦起拱高度。屋面梁总长度用钢卷尺丈量，允许误差在 — 10.0 ~ + 5.0mm 之间。在屋面梁总长度和设计角度得到保障后，利用水平仪检查屋面梁在平台上的水平度（平面）。此项测量的最大误差不允许超过 3.0mm，在接口截面处不超过 2.0mm。在检查后，需对不合格的位置做出标记，并用千斤顶和垫板组合进行调整，保证千斤顶在整个组装过程中不发生沉降现象。

2. 屋面梁安装

在安装屋面梁前，要先检查柱间对角线和厂房跨距，并复测单件几何尺寸；控制拱度、长度和侧向弯曲度，并将轴线在厂房柱子上弹出。在测量高程时，需将已有的高程控制网点作为后视点，将中心线在屋面梁上标出，并将其作为构件对位、吊装和校正的基本依据。对于一些较为复杂的结构外形，要将绑扎点和中心点的位置标出。使用四点吊装的方式将拼装好的屋面梁吊装到设计位置。在设置吊点时，要防止梁内出现因应力过大而导致梁体侧弯变形的情况。当屋面梁吊起与地面相距 50cm 左右时，要将屋面梁与安装位置对准，并在将其调离柱顶标高 50cm 后向下放钩，要求支座中心线与柱顶上的标准中心线对准。首片屋面梁以风绳拉固，防止侧歪，回钩后继续安装下一片；接下来吊装第二榀屋面梁。按上述方法吊装到位后，安装屋面梁间支撑和檩条，使第一榀屋面梁和第二榀屋面梁形成一个整体，以提高整个结构的刚度。每跨第一、二榀屋面梁架和构件形成的结构单元是其他屋面结构安装的基础，因此应提高其安装质量标准和精度。在屋面梁就位时，先临时固定，将吊钩适当放松，检查、校正就位偏差，合格后正式固定，然后再摘卸吊钩。从第三榀屋面梁开始，依次用上述方法吊装，直至整个吊装完成。

3. 墙架系统安装

墙架系统的安装宜在屋盖系统安装结束后进行，也可随屋盖系统一起采用综合安装法对每个节间进行安装。墙架檩条的支托应在钢柱出厂前安装完毕。在安装钢檩条时，应注意防止构件因过大而变形。

（三）屋面板的铺设

在铺设屋面板时，主要按照以下顺序开展：屋面板排版设计→支架安装固定→铺岩棉→屋面外板安装→屋面附件安装→清扫杂物→自检→交工验收。在安装前，要先做好承重檩条和梁的检查工作，避免出现歪斜或不平整的情况。当有不符合要求的情况出现时，应立即处理。检查屋面板是否有变形、翘曲的情况。如果有，要使用木榔头修补。在确认需要铺设的屋面岩棉的规格后，将其输送到屋面，并顺着纵向方向将岩棉搭接到檩条上。在铺设顶板时，采用180° 直立缝，并通过机械现场卷边机完成360° 双锁密封；采用螺丝隐藏铰合式屋面板，配套固定座与板扣合并铰合并可滑动，以降低屋面板因热胀冷缩而产生的温度应力。安装好屋面板后，要打胶密封，避免屋面出现漏雨等情况。

（四）钢结构墙面板的安装

在安装钢结构墙面板时，要先使用绳子人工将墙面板提升至设计位置后进行固定，并根据控制线将首块面板安装好，然后顺次安装第二块、第三块墙面板。安装时，在确保前、后面板之间不存在接缝后才可以与檩条连接。然后再钉墙面板，并固定好钉的根部。可以先将几块面板摞在一起，弹好线，然后根据各个檩条之间的距离进行预钻孔。对封口、门窗边、女儿墙等位置进行收边，以保证整体结构的美观性、整体性和牢固性。

综上所述，近年来，钢结构在工业厂房建设中得到了广泛的应用，并对提高工业厂房的强度、保证工程的质量有着重要意义。但是，建筑钢结构工程是一项复杂的项目工程，这就需要我们在施工中不断完善钢结构的安装技术，保证安装施工的科学性和合理性；同时，在钢结构安装施工过程中，要根据实际情况制订合理的安装方案，严格控制施工质量，保证安装施工的顺利进行，从而确保工程质量达到施工要求。

第三节　建筑安装工程施工的安全风险评价与管理

随着科学技术的创新与发展，人们的生活水平也日渐提升，致使人们对生活工作环境的质量需求也不断增强。而建筑安装工程作为建筑工程中最重要的一个环节，愈加受到我国政府和社会大众的广泛关注。所以建筑安装企业要想进一步提升市场竞争力，在当代社会获得长足的发展，就必须采取积极有效的措施，保证建筑安装工程的施工安全，提高建筑安装的实际质量。

一、建筑安装工程施工安全风险识别

建筑安装工程项目正式完工之后，就必然会存在各样的风险，这就要求安全管理人员能够在管理中全面及时的识别风险，并根据风险类型选取适当的处理措施，杜绝安全隐患，保证建筑安装工程的质量和安全。一般情况下，建筑安装工程的安全风险识别来源主要包含以下几个方面的内容：

（一）人为因素。

建筑安装工程施工过程中常常会因为管理人员的指挥不当或工作人员操作不精准，导致机械故障而埋下安全隐患；施工人员在实际的施工过程中的安全风险意识偏低，也容易导致安全事故的发生。所以对于人为因素来说，工程安全管理人员应该加强对施工人员的安全思想教育，强化工作人员的责任意识，从建筑安装工程的大局出发，踏实用心的将安全风险控制在一定范围内。

（二）物价因素。

建筑安装工程的实际施工必然会使用到众多的安装设备和工具，但是这些设备在长期的使用过程总经常会出现一些不良的使用状态，例如电梯超压坠落，驾驶车刹车系统失灵等，对施工安全造成严重的威胁。所以，管理人员应该强化对相关设备的检查，从细节入手，保证设备能够维持在最佳状态。

（三）环境因素。

建筑工程的工期一般相对较长，因此不可避免地会受到环境因素的影响，如果施工期间不能做好完备的安全防控措施，就极易造成施工过程中的财产损失和人员伤亡等。

二、建筑安全工程施工的安全风险评价

（一）安全风险评价。

首先，对建筑安装工程施工环节的安全技术以及管理进行全面系统的分析，识别工程施工中隐藏的危险源。在具体安装工程实施之前，可以对建筑安装施工设计进行事先评价；在施工之前，根据施工场地的实际情况制定其他切实可行的安全防范措施，加强安全风险事前预控管理；在实际施工环节尽量避免使用存在一定安全隐患的建筑施工材料。在建筑安装工程施工过程中实施安全风险评价能够及时准确的发展设计和施工实践中存在的安全隐患，并采取一定的措施改善施工安全现状，保证建筑安装施工的实际质量和工程进度。其次，通过对建筑安装工程施工环节中存在的安全隐患、安全事故发生概率、预测以及防控措施进行细致的分析和研究，能够最大限度地优化安装工程施工方案，为安装工程施工的监理工作提供安全可靠的保障。第三，一旦在施工中真正发生安全事故，则应该通过安全风险评价及时找出事故发生的原因，积极采取相应的处理措施避免事故扩大和再次发生，保证建筑安装施工能够及时顺利地完成。

（二）合理划分危险源等级。

相关工作人员应该严格按照安全事故发生的可能性以及其具体危害程度来对影响安全施工的风险源进行等级性分类和评价，以便施工中能够对危害较大的危险源进行分等级作业。

（三）选择科学合理的评价方式。

建筑安装工程施工环节中相应的安全风险评价方式主要包括科学的定性和定量评价。在选择合适的评价方式时，应该综合考虑施工现场的场地条件、施工工作的具体工序以及施工技术要求等元素，合理选择二、三种风险评价方式，以便能够做出具体客观的风险评价，提升管理科学性。

三、建筑工程施工安全风险管理

建筑安装工程施工环节的安全风险评价一般只是对可能发生的风险因素进行系统全面的识别，具有一定的预测性和事前准备性质。但是，由于建筑安装工程的工期相对较长，在施工环节中会出现的风险因素也相对较多，事前风险预测与防控并不能真正解决所有安全隐患，所以建筑安装工程的管理人员应该具备一定的忧患意识，随时准备对工程施工中

可能出现的新风险因素进行评价，最大限度地避免安全隐患的发生。这就要求施工单位应该对施工安全风险进行管理，主要可以从以下几个方面入手：

（一）建立合理的规章制度，保证施工安全

安全风险管理是一项较为复杂的系统工程，能够对建筑安装工程的施工质量和安全产生重要的影响，甚至在一定程度上对工程的顺利竣工产生着决定性的影响。因此，施工单位一定要根据实际施工情况建立健全的安全风险管理制度，并为其贯彻实施设立专门的组织管理机构，并配备专门的风险管理人员，对建筑安装工程的施工进行动态的监管。此外还应该加大安全管理的力度，将安全生产放置到施工实践的首要位置。

（二）管理编制，控制风险源头

建筑安装工程在具体的施工环节中，可能产生的风险是多种多样的，既有大有小，也有深有浅，这就需要管理人员合理编制安全风险应对计划。一般情况下，应对安全风险的主要措施基本包括风险缓解、自留和转移措施，在风险管理措施的具体选择上，则应该施工过程中遇到的不同风险等级来判定。

（三）强化工作人员的安全生产意识

施工单位可以通过对施工人员实行大量的安全生产教育来提升施工人员的安全工作意识，最大限度地避免由人为因素引起的安全生产风险。

（四）改善施工技术，落实岗位责任

施工人员的施工技术朔评对建筑安装工程的整体质量产生着直接的影响，因此改善施工技术是提升安全风险管理水平的重点内容，也是施工单位实行人本管理的重要体现。同时，明确施工人员的岗位责任，对员工实行奖惩分明的管理政策，提升员工的工作认同感，增强企业的内部凝聚力。

（五）强化保险，实行风险转移

一般情况下，建筑安装工程企业在进行现场施工环节中往往会遇到各种意想不到的风险，为工程带来严重的损失，甚至损害施工人员的生命财产。在这种情况下，施工单位可以及时进行风险保险工作，通过风险转移来分散安全风险可能为施工工程带来的损失，从侧面降低风险，保证建筑安装工程施工质量。

（六）加大科研投入

建筑安装工程是一项技术性相对较强的工程，因此加大科研投入，改善施工设备和技术，弥补由人为因素带来的安全风险是科学技术进一步发展的必然要求。同时，施工单位还应该运用安全心理学的研究成果定期对员工的心理进行引导，保证员工在最佳的心理状态中进行工作，提升工程施工的安全性。

综上所述，为了提升建筑安装工程施工风险评价管理水平，施工单位应该根据施工实

际状况合理采取相应的风险评价方式，并在施工环节加强对施工现场的风险管理，最大限度的消除施工安全隐患，保证建筑安装工程施工能够安全顺利地进行。

第四节　结构安装工程的质量要求

在结构安装过程中，经常出现很多质量及安全问题，应采取有效的措施减少和避免。

一、操作中的质量问题

（1）当混凝土强度超过设计强度 70% 以上，预应力构件孔道灌浆的强度在 15MPa 以上，方可吊装；

（2）安装构件前，在构件上应标注中心线或安装准线，要用仪器校核结构及预制件的标高及平面位置；

（3）把构件就位后，要进行临时固定，使之稳定；

（4）在吊装装配框架结构时，只有当接头和接缝的混凝土强度大于 10MPa 时，才能吊装上一层结构的构件；

（5）在安装构件时，力求准确，即使有误差，也应在允许的范围以内。

二、操作中的安全要求

（一）保证人身安全的要求

患心脏病或高血压的人，不宜高空作业。不准酒后作业。进入施工现场的人员，必须戴好安全帽和手套；高空作业还要系好安全带；所带的工具，要用绳子扎牢或放入工具包内。在高空进行电焊焊接，要系安全带，戴防护面罩；潮湿地点作业，要穿绝缘胶鞋。进行结构安装时，要统一用哨声、红绿旗、手势等指挥。

（二）使用机械的安全要求

使用的钢丝绳应符合要求。起重机负重开行时，应缓慢行驶，且构件离地不得超过 500mm。严禁碰触高压电线，为安全起见，起重机的起重臂、钢丝绳起吊的构件，与架空高压线要保持一定的距离。发现吊钩与卡环出现变形或裂纹，不得再使用。起吊构件时，吊钩的升降要平稳，以避免紧急制动和冲击。对于新购置的，或改装、修复的起重机，在使用前，必须进行动荷、静荷的试运行。停机后，要关闭上锁，以防止别人启动而造成事故；为防止吊钩摆动伤人，应空钩上升一定高度。

（三）确保安全的设施

吊装现场，禁止非工作人员入门内。高空作业时，尽可能打临时操作平台，并设爬梯，供操作人员上下。

三、质量的通病及防止的措施

（一）安装柱子的质量的通病

柱子的实际轴线与标准轴线不重合。由于各种原因，使柱子产生的裂缝超过允许值。有牛腿的柱子，其垂直度发生偏差超过允许值。框架柱的垂直度不符要求；双支柱的底脚出现裂缝。

（二）对柱子质量通病的防治措施

柱的相对两面的中心线要在同一平面上，且要准。吊装前，还要检查被扣的尺寸。柱子就位后，当第一次所灌的混凝土其强度达到 10MPa 后，才能拆除。当柱子的强度达到设计强度的 70%，才能运到工地；强度达到 100% 时，方可起吊安装。用经纬仪校正变截面柱子。对柱子绑扎点，不能形成头重脚轻，否则，将头部放松打入木碶，移动吊点。

（三）安装梁的质量通病

跨度较大的梁，在跨中容易出现裂缝。由于在安装柱时，轴线有误差，使吊车梁跨距不等。安装吊车梁，标高不准确，出现扭曲，或使吊车梁不呈水平线。梁的垂直度偏差超过允许值。

（四）对安装梁的质量通病的防治措施

对于大跨度的梁或带悬壁板的梁，在不使产生负弯矩的前提下，可在跨中或两端临时支顶方木，以增加稳定性。校核量的中心线与垂直度，应同时进行。

（五）安装屋架的质量通病

屋架的垂直度发生偏差。扶直屋架时，由于不当，产生侧向弯曲，易出现裂缝。

（六）对安装屋架的质量通病的防治措施

先将屋架的一侧绑上杉木杆，再扶直；在绑上另一侧的杉木杆，方可起吊，且吊索与水平成大于 45° 的夹角。用振动法使重叠山生产的屋架脱离开。

（七）安装板的质量通病

安装大型屋面板时，板边压线发生位移。焊接板角时，焊缝的长度和厚度不足。板的两端搁置长度不够，且存放一段长，另一方短。板缝之间，灌细石混凝土时，没有设钢筋，造成交工后出现裂缝。

（八）对安装的质量通病的防治措施

各种板出厂前，应检查是否有裂缝、鼓胀、掉边、缺角。板与板之间的缝隙要留足，以便灌混凝土时，好放钢筋。调整板的两端搁置长度，使之符合要求。板上的预埋件，不得突出板面。梁上用水泥砂浆找平，如孔隙较大，要用细石混凝土垫密实。安装悬壁板时，加设临时支撑，以增强施工时的刚度和稳定性。

第六章 钢结构工程施工技术

第一节 钢结构施工

在建筑工程领域当中，钢结构的应用愈加普遍，钢结构优势突出，结构材料可进行二次利用，结构抗震性好，并且结构体系应用所受到的限制较少，因而提升钢结构施工技术和质量对于促进建筑工程的发展有大有裨益。

一、建筑钢结构的概述

建筑钢结构施工材料主要以钢板、型钢等钢材为主，通过工厂的加工生产实现各种构件的设计要求，在施工中通过对钢梁、钢柱等钢构采取螺栓埋设、焊接、铆钉等多种形式进行连接，从而形成建筑钢结构框架体系。相比于传统工艺中钢筋混凝土材料，钢筋材料更加的轻盈，并且强度、硬度都能够满足建筑结构标准要求，以一种新型的建筑结构模式被广泛应用于厂房、高层、公共建筑等方面。

二、建筑钢结构运用的优势

（一）有利于建筑行业的绿色发展

我国城镇化正在迅速的发展，积极的促进着建筑行业的发展与创新。在当前可持续发展脚步不断迈进的当下，环保、绿色、可持续发展的基调，已经渗透到了建筑行业中。建筑钢结构已经成为当前建筑行业的主流技术。建筑钢结构的基础材料是当前建筑行业产业化的产物，在保障建筑行业需求的同时，具有高效能、高强度的实际特点。其强大的支撑力，能够确保建筑的稳定性与耐用性。

（二）有利于保障建筑物更加稳定

建筑钢结构自身具有良好的承重性，能够承载水泥混凝土的总量和强度。建筑钢结构还可以在一定程度上节省更多的材料与空间，能够有效地建减少建筑物的横截面积，这样便可以使室空间变得更多。建筑钢结构自重相对较轻，这样便可以避免钢筋结构总量超过混凝土总量的现象。这样咋遇到地震、自然灾害等外力作用下，可以减低内部建筑材料之间的相互作用，在保障建筑物稳定性的同时，对人们的生命与财产安全起到了一定的保护作用。

（三）有利于保障建筑物的质量

建筑钢结构作为建筑物的整体骨架，良好的材料能够在建筑物内部将作用力进行均匀地分布，这样便可以使建筑物整体均匀的受力。由于建筑钢结构自身的塑性和韧性非常好，所以能够增强整个建筑物的承载力。即使当建筑物受到了一定的外力作用，建筑物自身的塑性较强，也能够在自身固有的塑性压力值的范围中，增强建筑物的抗断裂的能力。所以积极的在建筑工程中，运用建筑钢结构能够切实的保障建筑物的使用质量。

三、建筑钢结构施工技术

（一）做好安装前的准备工作

1. 审查施工图纸

建筑钢结构施工前现场需要做好相应的准备工作，由于钢结构安装施工中涉及的内容比较多，做好充分的准备能够保证安装工作的顺利进行。在钢结构安装的初期阶段，仔细审查施工图纸是非常重要的，作为安装施工的主要依据施工图纸是否合理对钢结构质量产生直接影响，对于钢结构施工技术的应用、施工进度有一定的作用，为了避免施工中图纸问题导致的经济损失，做好提前的图纸审查是必然可行的，对施工图纸中存在的问题及时雨设计单位进行沟通，并结合实际情况进行修改处理，充分发挥钢结构图纸的指导性作用。在保证图纸与现场情况相一致的基础上，做好科学的组织设计工作，对工程建设中质量标准、安全规定、施工技术、操作流程给予确定，有效把控钢结构安装施工质量。

2. 做好物资管理与人员配备

施工组织设计完成后，进入施工前的准备阶段，这个时候需要针对安装工程实际情况做好材料、设备、人员的进场管理，对施工中所需要的施工材料进行质量检查；加强施工设备的检修、维护、保养，确保机械设备具备良好的运转状态；选择一支高素质、高技术的钢结构安装队伍，保证施工队伍能够在钢结构安装中严格按照设计图纸及标准规范要求进行操作，结合施工作业流程与技术要点对现场队伍进行专业培训与技术交底，对特殊岗位的工作人员明确要求持证上岗，确保工程的有序开展。

3. 合理选择钢材

建筑钢结构安装钢材的选择至关重要，钢材质量是否能够满足设计及相关标准要求是安装施工技术得以实现的基础保障。通常情况下，钢材可以分为板材、型材、金属制品、管材四部分，根据建筑工程的实际需求选择成型好、焊接性好的材料，能够提高建筑工程的整体施工水平。当前建筑钢结构施工中低合金高强度钢的应用比较常见，这种材料碳元素比例小于 0.25%、合金元素小于 2.5%、整体。

（二）做好现场准备工作

当施工现场的施工材料与施工人员到位之后，需要施工企业对施工现场的实际情况进行测量，一定要确保测量记录的内容真实准确，并与施工图纸的实际情况相一致。如果在测量的时候发现实际的测量结果与施工图纸存在很大的误差，就需要进行多次的测量，求取平均值。在对施工图纸中的错误了解之后还需要及时地将真实情况上报给图纸的设计人员，确保建设企业、施工企业与设计人员均在场的情况下，对设计图纸进行相应的修改。另外在施工之前，还需要对机械设备与运输的道路进行提前规划设计，并且保证现场施工的水力与电力设备完善。根据现场的真实情况，对相关的设备进行科学的调试，保证在以后的施工过后层中设备可以提供稳定的帮助。

（三）建筑钢结构制作

建筑工程中的钢结构在制作的时候，对于制作的技术要求非常的严格。通常情况下，需要做到以下几点：

①整个钢结构在进行制作的时候需要做好胎架划线、搭设尺寸、结构拼装并确定好基准线。

②根据具体的操作规范与标准，需要对构建的实际拼装方法进行及时的检查，保证拼接定位的合理。

③将整个构件制作完成之后需要对构建的误差进行相应的检查，保证误差在合理的范围之内。

（四）建筑钢结构焊接

建筑工程的钢结构制作完成好以后，需要将各个连接点进行焊接的处理。在选择焊接技术的时候，如果其中的某一种刚才使用的是新的焊接技术，就需要在使用该种焊接技术之前进行焊接技术的测试。结合焊接中存在的问题与实际的特点，需要对工艺技术进行改进，从而调整，选择最佳的焊接技术，从而保证整体钢结构的质量。在进行焊接工作的时候，为了减少结构的表面出现油污与锈蚀造成的干扰影响焊接质量。在进行切割之前需要对钢结构的表面进行彻底的处理，保证其表面的干净整洁。一般情况下，需要使用精密的切割技术，从而保证钢结构切割的质量。

四、建筑钢结构施工质量控制

（一）施工前期的质量控制

施工前期的质量控制的内容所涉及的层面相对较多，构件等内容也相对较多，在开展质量控制最为重要的内容，便是严格的针对建筑钢结构图纸、建筑钢结构材料等内容进行审查。严格地按照初级环节工作的各项要求，重严的按照建筑施工的要求设计钢结构各项内容，保障钢结构的各项基础环节的质量。针对建筑工程来说，必须要在保障混凝土独立柱高效融入的基础上，开展钢结构设计。在钢结构设计的过程中，必须严格的针对混凝土基础轴线、地脚螺栓的位置、数量、顶面标高、螺栓孔等各个内容进行准确的定位。制定周密的构件进场堆放计划。强化针对施工现场材料、车辆、设备、人员等各个环节的管理。切实的保障施工的顺利进行，保障前期施工准备阶段的实际质量。

（二）施工过程的质量控制

施工过程中的质量控制，应该严格地按照建筑设计师所制定的施工方案，开展钢结构施工。及时的针对设计图纸中不科学、不规范的漏洞指出，并及时的与相关设计人员进行商讨。在更正施工作业计划之后，精准的统筹钢结构施工的技术、人员。及时地将更改的计划与施工人员开展商讨，结合实际的施工环境，引导每一位施工人员去熟悉施工的设计方案、施工技术工艺。此外，还必须严格地把控施工材料的质量，在材料、设备进场时，针对钢筋材料的合格证明以及力学证明进行复检。开展焊接之前，必须严格的针对焊接工艺进行鉴定，必须严格地按照施工操做报告来进行焊接工艺操作。严格的结合不用材料、不用硬度的钢筋材料制定出区别化的钢筋焊接施工技术。针对全熔透的一级、二级焊接工艺，必须要进行超声波探伤，并按照设计图纸，合理地针对焊脚的尺寸进行设置，保障焊接工艺的实际质量和美观性。

（三）竣工后的质量控制

在竣工之后主要是针对施工各个环节开展检查，严格的检查钢结构各个部分的构件。针对钢结构拼装、钢结构安装、钢结构焊接等各个工序进行严格的质量监察和控制。严格的检查钢结构的强度、钢结构的抗震能力、钢结构的耐用性等内容进行严格的把控。若发现钢结构施工环节中出现了质量问题，必须要及时地开展返工。严格地按照相关部门的质量要求开展质量监控。

总而言之，钢结构施工质量关系到钢结构工程的使用安全及使用年限，对钢结构施工质量加以控制，确保钢结构施工质量符合设计要求及质量标准，有助于钢结构工程的进一步推广，也会促进整个建筑工程的整体发展。

第二节　钢结构桁架工程

新时期背景下，经济发展成效显著，对于钢材的需求量明显提高。具体表现在建筑工程项目中，对钢结构的使用也更为普及。钢结构建筑坚固性理想且资源消耗不大，实际的建造费用少，可回收价值较大，所以备受建筑厂家认可。桁架结构因其自身优势明显，被广泛应用在钢结构建筑中。由此可见，深入研究并分析桁架结构在钢结构建筑中的应用具有一定的现实意义。

一、桁架结构概述

（一）定义

所谓的桁架结构，具体指的就是结构化梁式结构，而力杆件和节点几何体是这种结构的核心，结构本身质量轻且具有大跨度特征，施工方便。按照特征的差异，可以对桁架结构种类进行细化。其中，以外形为标准可以将桁架结构划分成折弦桁架结构、平行弦桁架结构与三角形桁架结构。而以几何组成为标准可以将桁架结构划分成联合桁架、简单桁架与复合桁架。以承受水平推力为标准对桁架结构进行细化，即有推力和无推力两种梁式结构。

（二）基本作用原理

一般情况下，桁架结构中的各个杆件，在受力方面都是以单向拉伸和压缩为主。通过水平方向的拉与压即可确保桁架结构处于平衡状态，以免结构对支座施加水平推力。另外，桁架结构在布局方面具有灵活性，且实际的适用范围较为广泛。特别是抗弯性能，通过两端承受压力与拉力，能够使内力臂不断增加，抗弯强度得以优化。而且抗剪性能理想，可以向支座传递剪力，进一步提升抗剪的能力。由此可见，桁架结构的抗弯与抗剪性能都显著改善，为使用材料强度功能的发挥提供了必要的保障，被广泛应用在不同类型跨度屋顶结构设计中，尤其是钢结构建筑，使用效果明显。

二、钢结构桁架建筑相关问题

交错桁架结构的基本组成是柱子、平面桁架和楼面板。柱子布置在房屋的外围，中无柱。桁架的高度与层高相同，长度与房屋宽度相同。桁架两端支承于外围柱子上，桁架在相邻柱列上为上、下层交错布置，楼面板一端搁置在桁架的上弦，另一端搁置在相邻桁架的下弦。桁架或支撑均包在分户墙中。在顶层，可设立柱支承屋面结构；在底层，若想获得无柱空间，可在二层设吊杆支承楼面。

三、交错桁架结构体系分析

交错桁架体系适用于中层公寓、宾馆、汽车旅馆、宿舍、医院和其他层高较低的建筑。交错桁架体系是唯一能使纵向柱列间距达到18m ~ 21m的结构体系，可获得两倍柱距或更大的大空间，在建筑上便于平面自由布置或灵活分隔。采用小柱距和短跨楼板，可使楼板厚度减小、自重减轻、净空增加。由于没有楼面梁格，层高可以减小。在顶层或第二层，用立柱或吊杆支承楼面，可使顶层或一层做成少柱或无柱的大厅，便于顶层作餐厅或多功能厅，底层作车库。桁架跨中节间可不设斜杆，便于设置走廊或做成连通相邻房间的门洞。交错桁架体系对由风和地震引起的水平荷载具有较高抵抗能力。体系的刚度提供了对风载和地震影响的抗侧移控制，并能提供巨大的吸收能量的能力，在条件合适时能产生可观的经济效益和最大的建筑设计灵活性。交错桁架结构体系的柱子可采用钢柱或钢管混凝土柱。采用交错桁架结构体系的建筑物在竖向荷载和水平荷载作用下，柱子产生的弯矩很小，主要承受轴力。当采用 H 型钢时，可以使 H 形截面柱的腹板与桁架相连，这种柱子朝向可以提高房屋的纵向刚度。当采用钢管混凝土柱时，可充分发挥两种材料的特点。交错桁架的楼盖体系可由一系列跨越桁架弦杆的简单跨或连续跨所组成。由于相邻两榀桁架的间距大，故连续跨通常限于最多两个开间，一般每跨的一端支于下弦，而另一端由楼板简单地跨越桁架的上弦使其连续。无论是简支还是连续，楼面板都必须与桁架的弦杆可靠连接，以保证层间剪力的传递和结构的空间整体作用。楼板的形式一般常采用压型钢板组合楼板、混凝土预制楼板或混凝土现浇。交错桁架体系经济效果较好，项目的施工进度较快。用于冬季施工时交错桁架体系是可利用的最快捷方法之一，安装工程和建筑物砌筑围墙在长期低温气候下也不受影响。钢桁架、周边钢梁和预制楼盖等可以每 5 天一层楼的速度安装完成。一旦安装好两层就可以开始安装门窗、钢支撑和楼盖等，不会因等待其他工序（如砌砖）而浪费时间；除基础外雨季照样可以施工。

交错桁架体系的防火性能良好，有两点理由。首先，钢材集中在桁架上，而桁架在楼板上每隔 18m ~ 21m 才布置一榀，所以防火构造可以方便地完成。其次，桁架一般置于隔墙内，通过适当的墙体构造可以取得必要的防火等级。此外桁架杆件设计时采用实腹截面，因此喷涂的防火层满足最小厚度要求即可。

四、交错桁架结构体系的工程应用

交错桁架结构体系自问世以来，主要用于 15 ~ 25 层的旅馆、汽车旅馆和住宅，直到 1985 年交错桁架结构体系建筑才开始超过 30 层。1986 年，在美国新泽西州大西洋城建造了 43 层的国际旅游饭店，从而把交错桁架结构体系应用到 100m 以上的高层建筑领域。这座豪华旅馆总高度为 128m，房屋横向尺寸为 21.35m，1 ~ 4 层设置餐厅，商店等公共场所，上部布置 1200 个客房。在设计方案中，曾对采用交错桁架结构、混凝土框架剪力墙、混凝土框筒结构和钢框筒结构四种结构设计方案进行了比较。比较发现由于结构的高宽比达到 6 左右，这便使得除了交错桁架外，其余的方案都要采用很复杂的抗侧力结构去减小侧向位移，从而使工程造价大大提高。此外，混凝土方案的基础费用较高，用工多，施工周期长和采用交错桁架结构在建筑布置上没有任何剪力墙，可提供无柱空间等都成为比较时考虑的因素。最后，四种方案与交错桁架结构造价的比例分别为 1.0、1.25、1.10 和 1.40。

在我国，交错桁架结构体系已被列为钢结构住宅采用的结构体系之一，并已有了工程应用。1999 年，上海现代房地产公司在新疆库尔勒建了一幢 8 层的交错桁架体系住宅楼。同年，该公司还在上海建造了一幢 5 层的钢结构交错桁架体系住宅示范房，用钢量为

$50Kg/m^2$ 左右，这为该结构体系在我国的应用提供了初次实践。

五、桁架结构的实践应用

根据上文对桁架结构定义与作用原理的研究与分析可以发现，桁架结构是钢结构建筑设计中最常使用的结构形式。为此，以下将通过具体工程案例，对桁架结构在钢结构建筑中的实践应用加以阐释，以期为桁架结构的推广使用提供有价值的参考依据。

（一）工程案例

某大学屋盖钢结构工程主要涵盖了东屋盖结构与西屋盖结构。其中，东看台屋盖的结构主要由沿着径向所布置的 12 榀悬挑空间钢管桁架和沿着环向所布置的 3 道水平钢管桁架共同组成，属于空间钢管桁架结构。而西看台的屋盖结构则是由内部与外部两道环向拱形空间钢管桁架与径向的直线形钢管桁架组成，也是空间钢管桁架结构的一种类型。

（二）桁架地面拼装环节

1. 拼装的步骤

（1）优化布置拼装的现场，选择体育场的内外部，共同完成构件堆场以及拼装场地的设置，为桁架就近拼装提供必要的保障。

（2）拼装的流程。在完成地面准备以后，要选择支撑点投影并放线，合理搭设胎架。在此基础上，开展测量与复测工作，完成放线定位任务。随后，即可安装下弦杆定位与上弦杆定位。除此之外，还包括腹杆定位的安装与桁架复测等多个环节。

（3）合理设计拼装胎架。综合考虑现场的场地环境与吊装的方案，将桁架截面的形状与结构特点作为重点参考依据。要想确保桁架拼装与吊装的精准程度，还应当对拼装胎架进行有效的设计。需要注意的是，拼装的胎架需要被布置于桁架上弦节点与下弦节点的位置，对桁架进行予以支撑。要想有效地规避胎架的植株和主拱腹杆发生碰撞，应保证胎架支柱向节点位置偏移特定距离。

2. 拼装的方法

①根据桁架图纸要求完成定位放线；

②按照定位线对胎架进行摆放；

③正确摆放桁架上弦杆与下弦杆，并完成径向桁架腹杆的组装，使用均点焊的方式加以固定；

④完成桁架间环向桁架的组装，同样使用点焊进行固定；

⑤桁架间单向斜撑的组装，借助电焊的方式予以固定；

⑥复测整体桁架，确保尺寸与设计要求相适应；

⑦根据具体顺序开展焊接施工作业；

⑧焊缝探伤工作的开展；

⑨及时填补油漆，为吊装做准备。

3.保证拼装质量的有效方法

一方面，焊接收缩量补偿。可以在工厂内部完成无余量的预组装工作，也就是在确定杆件下料长度的时候，无需对焊缝的根部间隙予以考虑。在这种情况，控制尺寸就是设计尺寸。另外，应在吊装现场实施有余量的拼装作业，具体指的就是预留出焊缝根部的间隙。

另一方面，灵活使用补偿加载挠度。对各点位置挠度的变形值加以计算，并且在胎架拼装搭设方面，充分衡量挠度的补偿数值。

（三）桁架的安装

1.合理选择吊装机械设备

结合西看台结构与构件的形式、作业半径以及重量等多种因素，对吊装机械设备进行选择。其中，可以在场内选择使用型号为 7150 的 150t 履带吊，主要的功能就是主拱分段的吊装。而在场外要选择型号为 LR1200 的 200t 履带吊，主要的功能就是吊装外主拱分段以及径向桁架。

2.对吊装单元的有效验算

综合考虑结构的构成特征与吊装环节构件的受力特征，在吊装过程中，应选择使用具有代表性的吊装单元完成验算。其中，对于内拱的首段吊装单元，其节点的最大位移是 1.3mm，最大的应力是每平方 mm 为 15N。由此可以得出结论，此构件处于稳定状态。在内拱的第六段吊装单元中，其节点的最大位移是 0.82mm，最大的应力是每平方 mm 为 15N。由此可以得出结论，构件具有较强的稳定性。

3.安装主桁架

在所有吊装单元完成拼装以后，即可开展吊装作业。在实践过程中，应借助捆绑式的吊装模式，尽可能保证吊钩的位置和每榀吊装单元的重心相互重合。

六、桁架结构未来发展展望

在优化桁架结构方面，核心在于桁架结构的优化，可以借助桁架截面与节点位置优化手段实现这一目标。另外，在优化结构截面面积与节点位置的过程中，也是保证结构与应力、节点位移等诸多约束条件相吻合的重要基础。伴随社会经济的加速发展，建筑材料与施工水平也与时俱进地实现了创新性发展，更多的理论与优化方案产生，同样也提出了桁架结构模型。由此可见，桁架结构在未来建筑建设中的应用也将更为普遍。

综上所述，基于市场竞争的愈加激烈，建筑行业的建设施工更强调安全性与效益性。其中，桁架结构因其自身优势在钢结构建筑建设中的重要性逐渐突显出来。在这种情况下，贯彻落实钢结构建设施工的过程中，应灵活运用桁架结构，通过采取优化设计的方式和创新措施，有效地获取更为可观的经济效益与社会效益。

第三节　钢结构网架工程

随着近年来我国城市建设速度的提升，钢结构在建筑中的应用也逐渐得到了提升，而网架施工技术作为钢结构中最重要的组成环节，应该加强对这一技术的应用和研究，所以在建筑工程建设中要想更好的实现质量提升，就要对网架施工技术的施工要点展开进一步研究和分析，从而在建筑工程开展的过程中更有效的提升工程质量，实现我国建筑钢结构安全性和稳定性的有效提升。

一、钢结构网架基本特点

网架架构是一种特殊的立体结构，表现形式通常为网状，所以多被用在跨度较大的屋面结构中。经过实际研究可以发现，这一结构的重量比较轻，同时也具备较强的跨度。网架结构通常可以在形式上被划分为正交和斜交两种。正交就是通过对钢材的正放使其可以成为一个井字形网架，这种方式下进行施工也更为方面，所以是当前施工中最常见的工作方式。而对于钢结构的桁架网架而言，由于材料自身的强度比较高，整体性能也好，所以具备明显的稳定性，能对材料中的性能进行更有效的发挥，具备较强的刚度。因此对于这一技术进行应用的环节中无论是施工进度还是质量也能得到十分稳定的保障。

二、钢结构网架施工的应用现状

在建筑工程的发展阶段，我国的建筑钢结构相对来讲起步的时间比较晚，因此和现在很多先进的发达国家在技术、应用的过程中还存在很大的差距。在我国的二十世纪八十年代，以北京、上海、深圳为代表一共建立了 11 幢高层建筑，其中对钢结构网架施工技术的大量应用，在当时也在我国形成了一股高层建筑钢结构的小高潮。

特别是随着时代的进步和社会的发展，我国的高层建筑钢结构中的网架施工技术也得到了很大的发展和进步，截至目前为止，我国现在在进行高层建筑的施工过程中，不仅是从技术上还是在相关的设备使用上，基本都能做到独立完成，这也说明现阶段我国的高层建筑钢结构已经开始逐渐走向独立自主的全新发展道理，是一个里程碑式的进步。但是不得不承认，当前我国钢结构网架施工技术在实际发展中仍然存在一些问题，比如会出现安装误差过大的问题或是节点缺陷等问题。

所以，在今后的建筑钢结构施工中如果不能对这些问题进行有效解决，必然对于这项工作的综合发展造成十分不利的影响。

三、钢结构网架施工提升稳定性的环节

（一）对工程施工的合理性进行提升

在开展建筑钢结构的设计过程中，首要工作就是确保钢结构自身的科学性和合理性目标，也就是在实际工作中切实满足整体稳定的要求，从局部设计的合理性延展到整个工程的合理性，通过此种方式对建筑工程的稳定性进行提升。现阶段我国很多建筑钢结构都采用平面设计，所以在建筑工程中大多数采用的也均为框架结构。为了对平面结构再审稳定性进行提升，就应该在结构整体上对施工设计方案进行调整，并利用有效支撑构件对工作中的不足或是问题进行调整，进一步实现对建筑稳定性的提升。此外，平面构件稳定性在计算环节中也应该保证和结构布置实现一致性目标。

（二）计算方式和结构简图的设计要实现一致性目标

在进行钢结构设计环节中，特别是在进行建筑单层或是多层结构设计环节中，很多工作人员都会借助框架柱进行计算，但是并不会借助框架自身的稳定性进行有效分析。所以在今后对建筑工程钢结构进行设计的环节中，也应该利用更为科学的设计方案对其进行计算，实现工程稳定性的提升，在此环节中还应该对柱计算的长度系数进行合理掌握，实现综合系数的稳定分析。借助框架整体的稳定性工作人员也能实现对关键数据的获取，进一步保障工程中钢结构框架的稳定。所以在进行建筑钢结构的计算环节中，工程的设计人员也应该确保设计结果和假设条件都能得到有效的满足，只有达成这一目标，最终钢结构的稳定性才能不受到更大的影响。

（三）建筑钢结构的稳定计算应该实现和内部构件设计的一致性

在对建筑工程钢结构进行计算的过程中，要想进一步提升其稳定性，就要确保建筑工程中的钢结构内部构件设置的一致性，这也是当前建筑工程中钢结构设计最为重要的作用之一。所以在今后的开展建筑工程的环节中在要想对建筑工程自身的性能进行更有效的提升和完善，就要对不同强度构件提出不同的稳定性要求，这也要求我们在设计环节中要对构件进行不同的区别对待。

（四）对节点设计工作进行关注

节点设计建筑港机构的特点和建筑质量有着十分紧密的联系。在建筑遇到地震的时候对于建筑工程必然会造成十分严重的影响，所以对于钢结构建筑来说，广大设计人员也要对建筑物中的节点设计进行关注，从而为建筑物的钢结构设计整体性提供更为积极的动力基础。在对节点进行设计的过程中还应该对加强对建筑物承载能力和抗震能力的分析。在此环节中，相关施工人员也需要加强对焊接点工艺技术的关注，从而在提升螺栓连接质量的同时，更有效的减少设计缺陷和不足。

四、常见的钢结构网架安装技术

（一）高空散装法

顾名思义，高空散装法就是借助钢结构网架结构中的钢杆件和节点之间的位置进行有效连接，通过此种方式形成一个更为有机的施工整体。通常这项工作的开展需要划分为两个手段：分别是全支架法与悬挑法。这两种方式也是当前建筑工程钢结构中最常见的施工手段。

（二）高空滑移法

这项工作就是将钢网架分割成条状单元，之后再将单元从建筑物上转移到另一端，最后确保每个单元就位后都能拼接为一个有机整体。在对条状单位进行滑移的环节中，施工人员也要保障结构不会出现转变。如果此项工作需要应对的是较小的网格结构，那么就要将这项工作应用在多边形的网架结构中，相反的，如果面对的是一个较大的网格结构，那么在工作中也要适当应用滑轨或是工字钢。为了对滑轨自身的稳定性进行提升，也要科学采用焊接的方式，最终通过这种方式实现对钢结构滑动的平稳性进行保持。

（三）分条或分块安装法。

1.定义及原理

分块安（吊）装法，是指将钢网架整体分成条状或块状单元，在地面按施工方案确定的位置拼装好，再分别由起重机吊装至高空设计位置就位搁置，然后再拼装成整体的安装方法。每个单元的重量以现有起重机能力可以胜任为准。

2.工艺特点

（1）首先是大部分焊接、拼装工作量在地面进行，有利于提高工程质量；

（2）高空作业减少，大大提高了施工的安全度；

（3）不需要搭设大量的脚手架、脚手板，节约了材料和人工，从而降低了工程费用和成本；

（4）由于采用机械化吊装施工，加快了施工进度，缩短了工期。

3.工艺操作要点

（1）安装前先应根据网架结构形式和起重设备能力决定分条或分块网架尺寸的大小。网架分条分块单元的划分，主要根据起重机的负荷能力和网架的结构特点而定。其划分方法有下列几种：

①网架单元相互靠紧，可将下弦双角钢分开在两个单元上。此法可用于正放四角链等网架；

②网架单元相互靠紧，单元间上弦用剖分式安装节点连接。此法可用于斜放四角锥等网架；

③单元之间空出一个节间，该节间在网架单元吊装后再在高空拼装，可用于两向正交正放等网架。

（2）网架块体在地面或胎架上拼装好，拼装作业的地面必须有足够的平整度，并且能满足承载网架本身自重的强度要求，而胎架就应考虑起拱度，以防止网架分块出现变形；分条或分块单元，自身应是几何不变体系，同时应有足够的刚度，否则应加固。

（3）分条（块）网架单元尺寸必须准确，以保证高空总拼时节点吻合和减少偏差。一般可采取预拼装或套拼的办法进行尺寸控制。另外，还应尽量减少中间转运，如需运输，应用特制专用车辆，防止网架单元变形。

（4）吊装工艺：吊车定位，用绑扎起吊的钢丝绳将网架块体吊离地面50cm左右，调整网架块体倾斜角和吊车回转半径；然后缓慢起吊回转，将网架块体吊装就位；接着全方位调整倾角对准连接杆件，节点连接紧固；最后松钩，吊车移动到下一吊装位置，重复以上程序。

吊装注意事项：在网架块体上弦的节点处，一般设4个吊点，在4根吊装钢丝绳上各设置一个手动倒链，以便能全方位调整网架块体的倾角，从而准确无误地对准个连接杆件。

（5）网架挠度的调整。条状单元合拢前应先将其顶高，使中央挠度与网架形成整体后该处挠度相同。由于分条分块安装法多在中小跨度网架中应用，可用钢管作顶撑，在钢管下端设千斤顶，调整标高时将千斤顶顶高即可，比较方便；如果在设计时考虑到分条安装的特点而加高了网架高度，则分条安装时就不需要调整挠度。

（6）网架块体高空校正拼接。高空校正拼接工艺：首先将网架块体的尾部杆件对准插入螺栓球节点（先上弦杆，后下弦杆），接着将网架块体一侧的杆件对准插入螺栓球节点，将螺栓球节点高强度螺栓拧紧，并用油腻子将多余螺栓封口。

（7）所有网架块体安装校正完成以后，进行支座点的焊接加固，并拆除临时支顶。

由于建筑工程钢结构网架施工能在对建筑结构稳定性的提升起到极大的帮助，同时更有效的实现对施工强度的提升，所以这也要求我们在今后的建筑工程开展中加强对相关技术手段的应用和研究，只有这样才能对建筑结构的使用寿命起到更大的帮助作用。总之，网架施工技术作为钢结构中最重要的组成环节，就更需要加强对这一技术的应用和研究，所以在建筑工程建设中要想更好的实现质量提升，就要对网架施工技术的施工要点展开进一步研究和分析，希望在本节的研究下对于这项工作的开展也能有着更为积极的引导作用。

第四节　钢结构工程的质量管理与安全防护

随着经济社会的不断发展，我国钢产量已经连续多年位居世界第一，2014年高达11.26亿吨，且粗钢和不锈钢产量是全球的一半，钢产量的不断增加，也为我国钢结构建筑业的发展带来了新的发展时机，钢结构在土木工程建设应用广泛，而且发展前景广阔，是建筑业现代化的重要标志，钢结构工程所用材料可以实现大规模工业化生产，而且施工现场只需要进行简单、快捷的安装就可以顺利完成施工过程，所以，在我国建筑行业得到长足发展，钢结构材料也取得了突破性发展。

钢结构工程是一种技术含量相对较高，设计制作与安装施工等要求严格且须精准的建筑工程，施工场地的贵重物品物资很多，而且施工现场人员较多，一旦发生质量事故，尤其是重大问题，可能就会带了极其严重的人员伤亡与财物损失．因此，管理并完善钢结构工程施工质量，建立钢结构施工过程质量管控体系就显得尤为重要了。

一、钢结构工程的施工特点

（一）施工过程中对天气、温度等外在环境与条件比较敏感

由于钢具有热胀冷缩的特性，温度对其尺寸的影响相对比较大，如果温度太低或者太高，均会影响其安装的精度。同时，在钢材连接中，焊接和螺栓连接的质量与气温有着极其密切的关联度，而且通常在下雨或者下雪等恶劣天气情况下，均不能开展钢结构建筑施工工作．另外，在钢结构焊接等工序操作时，有具体的要求，施工过程中，如果某一外界环境条件不能满足的情况下，通常要给施工创造有利条件，比如改变焊条的温度，给钢板加热等，以促使钢结构更加安全牢固．另外，钢结构不耐腐蚀、不耐高温。所以，在施工过程中要严格做好防腐、防火工作．由于钢结构对外在环境的敏感性，所以，在施工安排上要合理，且通常需要采取流水施工，做好相关工作的交叉配合与平衡，确保连续与高效。

（二）对施工过程的测量、定位、放线等要求严格且精准

钢结构力学计算模型比较清晰、严谨，通常对尺寸的变化非常敏感．一旦钢材下料不准，构件就可能会变形，施工可能就会出现不能就位，承载效果就可能会受到较大的影响．随着城市的发展，高层建筑物越来越多，尤其是经济比较发达的城市中，虽处可见高层建筑．这些高层建筑物高度通常很高，而且体型相对较大，如果钢结构出现误差，那么积累起来就会很明显，下面的钢结构细微的偏离，就会造成上面的较大变化，而且会改变钢结构的受力，对钢结构建筑质量产生极大隐患．所以，钢结构施工对施工的人员的技术水平要求很高，且通常需持证上岗。

（三）对安装施工设备要求很高

钢结构安装施工是一种装配式与预制化，对运输、起重等相关设备要求高。钢结构重量重，有些钢结构重达几十吨，几百吨，甚至上千吨；而且，钢结构体型通常也较大，桁架梁长达几十米，网架长达几百米，更有甚者可能会达到上千米，由于高层钢结构建筑是高空施工作业，对吊装的相关设备要求高，在吊装中施工荷载就要与其实际承载能力相符。另外，钢结构施工工程量较大，构建多，耗材量大，耗材品种多，对这些材料设备的管理，会影响到施工质量。

二、钢结构施工质量管理现状

在钢结构施工中，构件的质量直接影响着钢结构施工质量，这个阶段是钢结构按照钢结构施工设计要求，应用精密高效的安装设备，严格按照钢结构施工工艺要求，对合格的钢结构实物，进行安装实施，这个阶段是决定钢结构质量的关键，也是钢结构工程质量形成阶段。

由于钢结构施工要求高、难度大等特点，以及钢结构建筑施工企业发展不平衡，加之安装过程中的人为因素与管理因素，我国钢结构工程施工的质量控制复杂，控制因素多，难度很大。据一项统计数据显示，因钢结构施工安装质量而造成的质量事故占总质量事故的 28% 左右。

钢结构生产安装与施工企业多，产品、技术和管理水平参差不齐。大型钢结构加工企业的加工基本上都是全自动化，而一些中小企业还处在半自动化或者几乎是手工的操作阶段，操作随意，不按照国家规定，不遵循图纸要求，安装方法不当，偷工减料，安装稳定性差，施工粗放，设备落后，偏差较大，防火防腐措施不到位，钢结构施工还存在多层转包，责任主体混乱，而且相关责任人对施工过程把控不严，管理不到位，致使钢结构工程存在质量隐患，甚至会导致严重的工程建设事故。

三、钢结构工程施工质量管理的原则

（一）以"用户"为中心

这里的"用户"是指钢结构施工过程的下一道工序或流程的操作者或者是执行者，要确立"下道工序就是用户"的意识，钢结构工程的施工质量要以"用户"满意为主要的评判标准，要把一切为了"用户"的思想，作为钢结构施工着力点，贯穿于整个钢结构施工过程中的各项工作中，每一工序的每个岗位均要立足本职，干好分内事，不给下一工序留下隐患，以确保钢结构施工质量，进而做出让最终"客户"满意的质量。

（二）质量第一

在处理施工质量、工程进度与项目成本三者的关系中，始终要把"质量第一"放在钢结构工程施工建设的首位，钢结构建筑工程施工过程中，不可以牺牲钢结构工程质量为代价，而盲目地追求速度与效益。

（三）预防为主

钢结构工程施工质量管理通常是一个动态变化的、可控可预的主动管理过程．在钢结构施工过程中，应严格遵守国家规范规则，国家强制性标准，尽可能全面地分析可能出现的质量问题，并采取一些行之有效的预防措施，尽可能的消除那些不符合质量要求的问题，使钢结构建筑施工处在相对稳定的状态。

四、钢结构工程施工质量管理措施

（一）完善钢结构施工质量保证体系

要根据钢结构施工特点、钢结构性能，结合施工企业的内部实际情况，建立完善的钢结构施工质量保证体系，牢固树立"质量第一、用户第一"的质量意识，制定科学的质量方针与目标，开展质量教育与培训工作，并完善相关考核制度，防范施工人员的麻痹大意。根据钢结构建筑工程施工的实际情况，工程规模大小，确定科学、合理、完整的施工质量控制组织，建立完善的质量监督管理制度，加强完善现场管理制度，规范施工人员的行为，保证管理人员能履行自己的职责，提高项目施工组织机构的工作效率，完善施工各工序与模块的质量保证与检查监督，严格按照 PDCA 的要求，对钢结构施工质量进行管理，记录好每一工序的过程，并及时总结好的经验与须待改善的地方，同时，通过经济手段、法律手段等对质量责任及问题进行问责与奖惩．

（二）钢结构工程施工事前的质量管理

钢结构工程施工事前的质量管理就是对施工投入阶段的质量进行管理，首先要对钢结构施工过程中的工作部署与安排方案进行审核，工作编制要有针对性、抓重点，严审施工单位资质，质量保证体系，关键施工人员的技术、操作经验、相关证书等，重要环节的施工方法；施工材料的质量也要严格审核；同时，要对施工过程中的相关管理与记录文件要审核，要对施工图纸进行会审，安排好技术交底工作，必须清楚钢结构施工图纸的意图，熟知钢结构施工的特点与要求，尤其是要对关键环节和核心部位了然于心，并在后续钢结构施工管理中，严格按图纸的内容与要求开展施工管理工作，最好还要对施工环境进行检查，检测好施工场地的天气，做好防腐放火预防措施。

（三）钢结构工程施工事中的质量管理

钢结构工程施工的事中质量管理就是对施工过程中的相关工序、中间产品及各分项工作的质量管理，首先要做好施工工序质量管理，要严格按照前期的计划安排，结合相关的施工技术要求与规范，做好质量检查工作，确保每一道工序，每一个环节的质量符合要求；同时，要做好工序之间的交接工作，不符合质量要求的坚决不向下一道工序推送，保证工序质量满足钢结构建筑质量要求，隐蔽工程通常最容易体现钢结构施工质量，同时也是最容易别忽略的，因此，隐蔽工程完毕后，要组织验收，并做好记录备查，所有隐蔽工程在进行隐蔽前都要开展检查和办理签证，并列入施工档案．钢结构工程施工人员要对钢结构施工过程中的焊接、螺栓安装、涂装等质量保障工作．最好要严把分项、分部、单位的工程质量，只有分项工程的质量搞好了，分部工程的质量才能保证，从而整个工程质量就有了保证。

（四）钢结构施工事后的质量管理

钢结构施工进入后续收尾阶段的质量管理注意的问题有：第一，组织钢结构施工人员对还未完工的工程进行盘点，确保不遗漏任何问题，同时，发现质量问题要组织及时整改；第二，对已竣工的部分进行内部质量大检查，收尾工作做好后，对业主发出竣工验收通知单，并提供相关文件和记录，配合业主、监理和设计院进行验收；第三、施工单位要做好交工后服务质量，即对工程投入生产使用后的质量进行控制．

五、钢结构工程施工安全防护措施

（一）高处坠落事故防范措施

高处坠落是钢结构施工中经常发生的安全事故之一。预防高处坠落事故，主要需要对以下几个方面做好安全防护工作：

（1）加强施工人员管理。对施工人员入场严格把关，并进行定期体检，体检不合格者不准从事高处作业。

（2）提高管理人员和施工人员的安全意识。加强安全教育，提高安全技能。

（3）确保正确使用安全防护用品。操作人员在进行高处作业时，必须正确佩戴和使用安全带，并佩戴安全帽。

（4）加强对现场施工安全防护设施的管理。对防护设施搭设前进行指导，过程中管控，搭设完毕合格后进行验收，确保安全防护设施的正确使用。

（5）尽量避免在恶劣的天气条件下进行高空施工。

（6）业主单位、管理公司、监理单位、施工单位、专业分包、劳务分包均要设置专职安全员进行监督管理。

（二）触电事故防范措施

建筑钢结构施工，需要较多地运用到电力机械设备。因此，做好预防触电事故的发生也是钢结构施工安全防护的重要内容。

（1）严格临时用电施工组织设计的编制、审核和实施。严格按照《施工现场临时用电安全技术规范》等相关要求进行临时用电管理。

（2）做好施工现场临时用电的安全保障。做好施工现场临时用电设备的接地及局部等电位联结，控制好临时用电线缆的安装与敷设，加强机械设备的使用和管理。

（3）加强临时用电安全知识的培训和安全管理。要求现场电工必须持证上岗，严格按照方案要求实施。建立职工入场安全培训制度，认真对进场施工工人进行三级安全教育。针对施工现场临时用电中常出现的通病问题进行重点学习，并制定对策及改进措施。施工现场应制定事故应急预案并应设兼职急救人员。建立和完善临时用电管理安全责任制，对临时用电工程应按分部、分期进行定期检查。

（三）物体打击事故防范措施

钢结构施工现场易发生物体打击事故，应从以下几方面加强防范。

（1）加强安全防范意识。不断提高现场施工和管理人员对防止各类物体打击事故重要性的认识，坚持"安全第一，预防为主，综合治理"的安全生产方针。

（2）做好安全防范。强化起重机械作业安全防护工作，吊机操作应安排专业人员进行指挥，并严密监控吊装作业过程。因地制宜地架设防护棚、防护栏杆、挡脚板、密目网等保护措施，防止落物伤人。

（3）做好施工组织设计和安全检查。合理安排劳动力，要尽量避免立体交叉作业，确需进行立体交叉作业时，应事先采取隔离防护措施。加强对建筑施工现场的安全检查和安全预控，搭设和拆除井架、脚手架、塔式起重机起吊作业、人货两用电梯、危房拆除作业、吊装工程等应设立安全禁区，并派专人监护，禁区应有明显的标志。市政项目要提前做好交通导流工作。

（4）规范施工人员的操作行为。严禁随意抛丢料具，高处作业人员应佩带工具袋，使用的小型工具及小型材料配件等必须装入工具袋内，防止坠落伤人。高处作业使用的较大工具，应放入楼层的工具箱内。

（5）文明施工。加强施工现场对于材料堆放的管理，保证工作场地整洁，消除安全隐患。

（四）机械伤害事故防范措施

随着施工机械化程度的日益提高，越来越多的工程机械、运输机械、小型施工机具等广泛地运用于各类建设工程。各类机械的使用，大幅度地提高了施工效率，但同时各类机械在运行中对施工人员造成伤害的风险也随之增加。因此，应从以下几个方面入手，减少施工过程中机械伤害事故发生的可能性。

（1）加强对施工人员的管理。操作人员应经过专业培训、考核合格取得相关行政主管部门颁发的操作证方可持证上岗。在进行机械操作之前，操作人员应首先要检查好设备的状态，保障机械在作业过程中的良好状态。严格按照使用说明书规定的技术性能、承载能力和使用条件，集中精力正确操作，合理使用。

（2）加强对机械设备的管理。租赁设备时必须审查出租方的相关资质，出租方应具备与出租设备相适应的营业执照，签订设备租赁合同时必须明确双方的安全责任。建立"机械设备进出施工现场登记制度"，对进场设备必须进行验证。建立健全"机械设备保养制度"，明确各类机械的保养内容、保养周期、责任人，督促相关责任人，及时对机械设备进行保养并留存保养记录，保证机械设备的完好状态。

（3）加强对施工现场的管理。对操作人员及参与施工的所有人员进行入场安全教育，根据不同的分部分项工程，及时给操作人员、监护人员及其他相关人员进行安全技术交底。大型机械作业一定要做到"一机一人"监护，对于实行多班作业的机械，应执行交接班制度。施工管理人员应为机械作业提供道路、水、电、机棚或停机场地等必备的条件，并消除有碍机械作业的不安全因素。夜间作业应设置充足的照明。机械集中停放的场所，应有专人看管，并应设置消防器材及工具。合理组织施工，确保每班有充足的现场管理人员，确保作业人员有充足的睡眠。

（五）结构垮塌事故防范措施

钢结构施工中，垮塌是发生率较高的事故，造成的危害程度也大。发生垮塌的主要原因有施工方案不合理、结构安装阶段状态与设计成型状态不一致、拼装时偏差过大、对焊缝收缩和焊接次应力关注不够、支撑胎架设计不合理等。预防施工过程中的垮塌事故，应从以下几个方面入手。

（1）认真做好钢结构工程的深化设计。在设计过程中，充分考虑构件的制作和安装因素，同整体结构设计形成良好的互动关系，不断完善、调整结构设计方案，保证钢结构工程优质、高效、安全、经济地进行。针对有可能造成结构损伤和破坏的因素，在深化设计阶段进行认真、周密、全面的考虑和消除，把控好钢结构工程事故的主要源头。

（2）切实做好钢结构构件加工质量的监控。采取严格的质量控制措施，严格把控进场材料质量，对号料切割、焊接成型、预拼、涂装等工序进行合理有序的控制，正确进行内应力的消除。

（3）注意钢结构安装施工安全。钢结构工程的安全施工严格遵循设计文件、招标文件、合同文件。

做到施工按规范，操作按规程，检验按标准，办事按程序。钢结构的吊装与临时支撑，应经过精密的计算，保证吊装过程中结构的强度、刚度和稳定性。当天安装的钢构件应形成稳定的空间体系。吊装机械、临时支撑点对混凝土结构的反作用力要以书面形式提供设计确认。钢结构安装前，应对建筑物的定位轴线、平面封闭角、底层柱位置轴线、混凝土强度及进场的构件进行质量检查，检查合格后才能进行安装作业。安装时，钢结构的定位轴线，必须从地面控制引线上来，避免产生累计误差。

近年来，钢结构已经在建筑行业得到了越来越广泛的应用。但是，随着钢结构施工工程的日益增多，必须清醒地认识到，当前钢结构施工安全生产形势仍然十分严峻，高处坠落、触电、物体打击、机械伤害、结构垮塌等事故的频繁发生，给建筑从业人员和人民群众的生命财产安全造成了严重伤害和巨大损失。因此，应该针对钢结构施工过程中的多发事故类型，进行有针对性的预防工作，在最大限度内避免安全事故的发生，保障施工人员的生命安全，提升施工的总体质量与经济效益。

第七章　高层建筑主体结构工程施工技术

第一节　高层建筑的基本概念

一、定义

超过一定层数或高度的建筑将成为高层建筑。高层建筑的起点高度或层数，各国规定不一，且多无绝对、严格的标准。

（一）中国定义

在中国，旧规范规定：8 层以下的建筑都被称为多层建筑，而目前，接近 20 层的称为中高层，30 层左右接近 100m 称为高层建筑，而 50 层左右 200m 以上称为超高层。在新《高规》即《高层建筑混凝土结构技术规程》（JGJ3 — 2002）里规定：10 层及 10 层以上或高度超过 28m 的钢筋混凝土结构称为高层建筑结构。当建筑高度超过 100m 时，称为超高层建筑。

中国的房屋 6 层及 6 层以上就需要设置电梯，对 10 层以上的房屋就有提出特殊的防火要求的防火规范，因此中国的《民用建筑设计通则》（GB50352—2005）。

（二）国外定义

在美国，24.6m 或 7 层以上视为高层建筑；在日本，31m 或 8 层及以上视为高层建筑；在英国，把等于或大于 24.3m 的建筑视为高层建筑。

二、分类

中国《民用建筑设计通则》（GB50352—2005）将住宅建筑依层数划分为：一层至三层为低层住宅，四层至六层为多层住宅，七层至九层为中高层住宅，十层及十层以上为高层住宅。除住宅建筑之外的民用建筑高度不大于 24m 者为单层和多层建筑，大于 24m 者为高层建筑（不包括建筑高度大于 24m 的单层公共建筑）；建筑高度大于 100m 的民用建筑为超高层建筑。

建筑高度的计算：当为坡屋面时，应为建筑物室外设计地面到其檐口的高度；当为平屋面（包括有女儿墙的平屋面）时，应为建筑物室外设计地面到其屋面面层的高度；当同一座建筑物有多种屋面形式时，建筑高度应按上述方法分别计算后取其中最大值。局部突出屋顶的瞭望塔、冷却塔、水箱间、微波天线间或设施、电梯机房、排风和排烟机房以及楼梯出口小间等，可不计入建筑高度内。

三、简史

古代就开始建造高层建筑，埃及于公元前280年建造的亚历山大港灯塔，高100多米，为石结构（今留残址）。中国建于523年的河南登封市嵩岳寺塔，高40米，为砖结构，建于1056年的山西应县佛宫寺释迦塔，高67m多，为木结构，均保存至今。

现代高层建筑首先从美国兴起，1883年在芝加哥建造了第一幢砖石自承重和钢框架结构的保险公司大楼，高11层。1913年在纽约建成的伍尔沃思大楼，高52层。1931年在纽约建成的帝国州大厦，高381m，102层。第二次世界大战后，出现了世界范围内的高层建筑繁荣时期。1962～1976年建于纽约的两座世界贸易中心大楼，各为110层，高411m。1974年建于芝加哥的西尔斯大厦为110层，高443m，曾经是世界上最高的建筑。加拿大兴建了多伦多的商业宫和第一银行大厦，前者高239m，后者高29m米。日本近十几年来建起大量高百米以上的建筑，如东京池袋阳光大楼为60层，高226m。法国巴黎德方斯区有30～50层高层建筑几十幢。苏联在1971年建造了40层的建筑，并发展为高层建筑群。

中国近代的高层建筑始建于20世纪20～30年代。1934年在上海建成国际饭店，高22层。50年代在北京建成13层的民族饭店、15层的民航大楼；60年代在广州建成18层的人民大厦、27层广州宾馆。70年代末期起，全国各大城市兴建了大量的高层住宅，如北京前三门、复兴门、建国门和上海漕溪北路等处，都建起12～16层的高层住宅建筑群，以及大批高层办公楼、旅馆。中国1986年建成的深圳国际贸易中心大厦，高50层。上海金茂大厦于1994年开工，1998年建成，有地上88层，若再加上尖塔的楼层共有93层，地下3层。上海环球金融中心是位于中国上海陆家嘴的一栋摩天大楼，2008年8月29日竣工。是中国目前第二高楼、世界第三高楼、世界最高的平顶式大楼，楼高492m，地上101层。

四、建筑特点

世界各城市的生产和消费的发展达到一定程度后，莫不积极致力于提高城市建筑的层数。实践证明，高层建筑可以带来明显的社会经济效益：首先，使人口集中，可利用建筑内部的竖向和横向交通缩短部门之间的联系距离，从而提高效率；其次能使大面积建筑的用地大幅度缩小，有可能在城市中心地段选址；再是，可以减少市政建设投资和缩短建筑工期。

五、综合问题

主要有：

①关于城市经济效益和环境效益问题，应遵照城市规划部门指定的地段和控制高度建造，而不能完全根据建筑本身的需要。

②高层建筑由于应力增加，设备和装修水平必须提高，施工难度增大，因而造价必然大大高于多层建筑。因此，需要各专业设计人员密切合作使平面布局合理，提高使用系数，做到构造简洁，自重轻，便于安装，综合降低造价。

③高层建筑最突出的是防火安全设计，各专业设计人员应严格遵守高层建筑设计防火规范的规定。

六、设计要点

当高层建筑的层数和高度增加到一定程度时，它的功能适用性、技术合理性和经济可行性都将发生质的变化。与多层建筑相比，在设计上、技术上都有许多新的问题需要加以考虑和解决。

（一）建筑方面

主要有：

①总平面布局要加大防火间距，处理严重的日照干扰，为大量集中的人口疏散和停放车辆安排通道和场地。

②在符合功能要求的基础上将多层重复的建筑平面布局标准化、统一化，以满足主体结构、设备管线、电气配线分区、防火疏散等竖向设计技术的要求。

③合理布置竖向交通中心，确定楼梯、电梯的数量和布置方式，保证使用效率和防火安全。

④内外建筑装修、构造、用料和做法必须适应因风力、地震、温度变化等所引起的变形和安全问题。

⑤在建筑艺术方面要考虑高大体型在城市和群体中的形象和全方位造型效果。

（二）结构方面

主要有：

①考虑高层建筑遇到巨大风力和地震力时所产生的水平侧向力。

②严格控制高层建筑体型的高宽比例，以保证其稳定性。

③使建筑平面、体型、立面的质量和刚度尽量保持对称和匀称，使整体结构不出现薄弱环节。

④妥善处理因风力、地震、温度变化和基础沉降带来的变形节点构造。

⑤考虑在重量大、基础深的地质条件下如何保证安全可靠的设计技术和施工条件问题。

（三）设备和电气

主要有：

①设计供暖和给水排水系统时，必须考虑因建筑高度增大的压力，保证管道、炉片具有耐压能力。

②特殊处理消防和排烟问题。

③在供暖、通风中考虑因高处风力增大而增加的空气渗透和中合面以上、以下的热压变化对于散热量计算的重要影响。

④考虑由于增加了电梯、水箱供水和消防动力用电，对电气设计的区域配电和干线、支线布置提出的要求。

第二节　高层建筑施工测量

随着我国城市的发展，城市化进程的加快，土地集约利用水平的提高，建设项目正在向大型化、智能化、投资巨额化、复杂化等方面发展。高层建筑作为时代发展的趋势，其环境的复杂化对高层建筑的施工提出了更高的要求。测量作为建筑施工放样的必备手段，其精度的高低直接影响高层建筑的施工质量。如何才能更好地完成建筑测量，是摆在建筑施工企业面前的难题。本节结合高层建筑物的特点，探讨高层建筑的测量方法。

一、施工测量

施工测量（测设或放样）的目的是将图纸上设计的建筑物的平面位置、形状和高程标定在施工现场的地面上，并在施工过程中指导施工，使工程严格按照设计的要求进行。

实施施工测量要根据建筑物的设计尺寸，找出建筑物各部分特征点与控制点之间的几何关系，计算出距离、角度、高程（或高差）等放样数据，然后利用控制点，在实地上定出建筑物的特征点、线，作为施工的依据。施工测量与地形图测绘虽然都是研究和确定地面上点位的相互关系。但测图是地面上先有一些点，然后测出它们之间的关系，而放样是先从设计图纸上算得点位之间的距离、方向和高差，再通过测量工作把点位测设到地面上。因此距离测量、角度测量、高程测量同样是施工测量的基本内容。

施工测量是设计与施工之间的桥梁，贯穿于整个施工过程，是施工的重要组成部分。放样的结果是实地上的标桩，它们是施工的依据，标桩定在哪里，庞大的施工队伍就在哪里进行开挖、浇捣混凝土、吊装构件等一系列工作，如果放样出错且没有及时发现纠正，将会造成极大的损失。当工地上有好几个工作面同时开工时，正确的放样是保证它们衔接成整体的重要条件。施工测量的进度与精度直接影响着施工的进度和施工质量。这就要求施工测量人员在放样前应熟悉建筑物总体布置和各个建筑物的结构设计图，并要检查和校核设计图上轴线间的距离和各部位高程注记。在施工过程中对主要部位的测设一定要进行校核，检查无误后方可施工。多数工程建成后，为便于管理、维修以及继续扩建，还必须编绘竣工总平面图。有些高大和特殊建筑物，如高层楼房、水库大坝等，在施工期间和建成以后还要进行变形观测，以便控制施工进度，积累资料，掌握规律，为工程严格按设计要求施工、维护和使用提供保障。

二、高层建筑的特点

（一）建筑面积大、楼层高

纵观国内外的高层建筑，建筑面积都很大，从几万至几十万平方米，如目前世界最高的高层建筑"迪拜塔"建筑面积超 50 万 m^2，总高度达 828m，是一栋名副其实的世界第一高楼。国内的北京饭店、深圳国际贸易中心均为 8 万 m^2，建筑面积都很大。

（二）结构复杂

与一般的建筑相比，高层建筑的结构较为复杂，一般有框架剪力墙结构、剪力墙结构、框架筒体结构、筒体结构以及筒中筒结构。建筑的受力结构复杂，构件必须要有良好的整体性。

（三）质量要求高

高层建筑由于面积大、楼层高、结构复杂，致使建筑的造价高。高资金的投入主要是建筑高质量的要求，高层建筑要求有良好的强度、刚性和延展性。高层建筑的结构受力，不光要考虑垂直方向的荷载，同时还必须考虑水平方向的荷载，例如风力和地震等带来的水平力，结构复杂的建筑还要考虑抗剪能力，所以高层建筑对强度要求很高。高层建筑的刚性要求也是高标准，因为建筑的高度越高，建筑物的水平位移就越大，过大的水平位移会使人产生不舒服感，影响生活、工作；也会使电梯轨道变形，使填充墙或建筑装修开裂、剥落，使主体结构出现裂缝，水平位移再进一步扩大，从而导致房屋的各个部件产生附加内力，引起整个房屋的严重破坏，甚至倒塌。因此建筑物的强度必须达到一定刚度，克服水平位移对建筑物的破坏。

（四）施工环境复杂

高层建筑从地租地价理论上来讲，大多出现在市区，并且还是城市的闹市区、商业繁华区，施工场地很有限。同时高层建筑面积大、楼层高，施工工期长，建筑物的沉降对施工也有影响，在多重因素的共同制约下，施工环境与一般建筑物相比，较为复杂。

三、高层建筑测量

结合高层建筑面积大、楼层高、结构复杂、质量要求高、施工环境复杂等多方面因素，高层建筑的测量就显得十分重要，构件位置的微小偏差，随着高度的增加，误差的累积，总体偏差就不容小视，建筑的质量就会受到影响，甚至出现危房。在建筑的测量中，要注意施工前准备和施工过程的严格管理，在建筑测量控制中主要应把握以下三点：

（一）建筑物的定位放线

建筑定位放线，是工程建设的第一阶段，简言之就是把规划部门审批下来的设计图纸中的建筑物放样到施工现场的过程，保证建筑在规划的红线范围内，避免违章建筑的产生。高层建筑根据其自身的特点，定位放线要遵循以下三点：首先，轴线定位应按照规划部门提供的用地红线放样。认真阅读规划部门审批的设计文件，结合施工现场的状况对比分析，准确定位建筑物，当遇到图纸数据与现场不符时，要与设计单位沟通，经过再次确认后进行施工放样。其次，施工平面控制网应具有全局性。施工平面控制网作为大楼其他测点的依据，必须具有全局性，从而为以后各楼层的工程测量提供方便。高层建筑必须根据工程建筑特点和形状建立施工控制网。最后，测量应按照测量原则作业。从整体到局部，先控制后碎部，测量控制网必须由高级向低级分级布设，从而减少误差积累、避免错误发生，提高工作效率。

（二）建立轴线控制网

建筑物的定位放线完成后，就进入下一步轴线的控制，它是指在建筑物施工之前，在平面上测定建筑物的主要轴线，并设定控制标识，以便以后使用。在建立轴线控制网时应注意以下四点：第一，控制点要有足够的视野空间。目前建筑施工主要的测量仪器还是水准仪、经纬仪或者全站仪，这些仪器都要求能通视，因此控制网必须要有开阔的视野。第二，测量网要考虑流水施工。为加快施工进度，建筑施工一般都有几个施工组在进行流水线施工，在轴线控制网建立时要充分考虑到流水施工的要求。第三，注意保存控制点。控制点是建筑放样的依据，并且控制点需要多次应用，后期的确保每个流水段的每个轴线方向上不少于两个轴线控制点。第四，建立轴线控制网，保证建筑放样的准确性，特别是垂直高度的垂直度。

（三）严格控制建筑高程

高程控制分为地上和地下两部分，对于地下部分，高程控制点一定要进行联测，在联测确认无误后，才向下引测所需的标高。为保证垂直方向的精度，对临时控制点必须正确投测，每隔 3 ~ 5m 设置一个水平桩，比基坑底设计标高高出 0.3 ~ 0.5m，并相互校对，较差控制在 ±3mm 以内。对于地上部分，为保证建筑的垂直度，要充分考虑建筑的沉降对高程的影响。

四、高层建筑测量质量控制

（一）高层建筑测量质量的控制要点

1. 选择高精度仪器

高层建筑测量过程非常复杂严格，并且对于测量精度的要求非常高，所以在建筑工程测量中，尽量选择 GPS、经纬仪、激光铅垂仪、水准仪等精度高、操作简单、稳定可靠的现代化测量仪器来保证高层建筑测量结果有效且高精度。

2. 测量人员的要求

对于高层建筑测量工作人员，技术素养必须满足要求。必须持有测量相关知识专业的资格证书，而且要求具有高度的工作责任感、敏锐的专业判断力，还要尽量任用具有工作经验的测量人担任高层建筑测量实施人员，从而保证测量质量。

3. 测量方法的选择

高层建筑测量工作的开展，避免使用单一测量方法来确定测量结果，要通过各种方法进行测量交叉，彼此验证，保证高层建筑测量的最终质量。

4. 注意环境影响

高层建筑工程施工环境对于测量的影响比较大，如地质条件、温湿度等因素。所以在实施高层建筑测量过程中，要对环境数据进行测量，并根据相应的算法来调整测量数据，从而保证高层建筑测量数据的有效性和准确性。

（二）高层建筑测量质量控制策略

1. 控制建筑施工环节的测量质量

高层建筑工程施工主要包括工程准备阶段、施工阶段、工程验收阶段。而高层建筑测量贯穿整个建筑工程施工的全部阶段，因此只有在高层建筑施工的全阶段进行有效的测量质量控制，才能真正保证高层建筑测量的最终质量。

（1）施工准备阶段的施工控制。

工程准备阶段主要包括工程设计工作和施工材料、设备的准备工作。而高层建筑测量主要是针对设计产出进行测量。第一，要对设计图纸进行审阅和熟悉。高层建筑测量工作人员通过仔细观看整个工程设计图，才能熟悉整个工程，弄清楚高层建筑测量的关键点以及特殊部位，搞明白建筑中曲线圆弧的分界点、对应的半径与圆点等位置。只有充分了解建筑自身的结构和外观特征，才能为高层建筑测量工作奠定坚实的基础。第二，作为实际测量工作的技术性文档，测量方案是必不可少的。这对于指导现场测量人员工作流程和注意事项起到非常重要的作用。特别是对设置现代测量控制网、高层建筑定位、过程标高控制、竖向轴线传递等进行有效的指导和控制以达到要求。所以在实际的测量工程开始前，要编写好具体的测量方案并通过专门的人员审核，确定设计方法以及工程监理。施工甲方的同意之后才能执行实际的高层建筑测量工作。第三，对工程业主单位提供的原始测量数据严格复核。要对红线桩的桩位，首级控制网的坐标及水准点的标高等原始测量数据进行有效复核。如果差距在许可范围内，则签字确认后由项目监理进行审批。如果差距不可接受，则计时与业主单位沟通并妥善处理。第四，构建高层建筑测量控制网，通过在高层建筑主轴线的较远位置建立第一级控制基点，在高层建筑第一级控制基点上布置轴线建立第二级控制点，通过第一、二级的控制点构建高层建筑测量控制网，从而确保测量工程施工的高效性、安全性与可靠性。第五，对高层建筑周遭的建筑物、管线的位移、沉降、倾斜、裂缝等各种环境进行测量并形成有效的测量影响数据，并对最终高层建筑测量结果进行校正。

（2）高层建筑基础测量质量控制

高层建筑基础包括建筑基坑、桩位以及其他基础施工。施工过程中要对其测量质量进行有效控制。第一，高层建筑施工过程中，会有建筑需求开挖面积较大、深度较深的基坑。为了确保高层建筑施工的有效性和安全性，对基坑边线按照设计要求和规范对其进行轴线控制桩的定位，确保基坑质量。第二，对高层建筑桩位进行复核。如果桩位位置偏差超过了标准范围，要及时提出并采取紧急处理，确保不会因承台问题造成工程成本增加、桩位作废等问题，从而影响施工工期和建筑质量。第三，根据测量控制网对高层建筑的各大轴线的垫层进行基础放线，确保不会发生高层建筑移位的现象。

（3）高层建筑楼体结构的测量控制

高层建筑楼体结构是保证建筑承载力和结构完整性的关键。在对高层建筑楼体结构的测量中要做到以下几点：第一，建筑平面控制。对于建筑平面要用测量放线的方法进行验证，确保误差在允许范围内，轴线易于辨认。第二，建筑高程控制。在高层建筑基础施工完成后，要引测高程控制点，确保高层建筑向上施工的标高控制在标准范围内，确保每个楼层的高度以及建筑全高符合设计规范。

（4）高层建筑物竖向轴线传递

高层建筑竖向轴线传递是高层建筑测量中的关键。在实际的测量过程中，要从每一层的竖向轴线传递开始测量，而后对整个高层建筑进行竖向轴线传递。可以使用外控测量法或内控测量法来实现高层建筑测量竖向轴线传递。

（5）高层建筑的沉降测量控制

高层建筑的沉降控制是对建筑安全以及人们生命财产安全的保障。测量人员应使用专门的测量仪器，在控制点上进行周期性的测量与观察，并对数据进行处理与综合分析。如果发现数据不正常则要及时上报，并采取紧急措施，确保不发生重大事故。

2. 高层建筑测量的管理与控制

在高层建筑测量过程中，必须采取有效的管理和控制才能保证数据的有效性以及测量过程的高效完成。

（1）测量误差的控制

高层建筑测量数据的误差控制非常严格，直接决定了建筑施工的质量。所以在测量过

116

程中要严格控制测量误差，通过多次测量、多员工测量来保证测量数据的准确性，避免由于测量误差过大使质量降低，导致最终建筑质量不高而引发事故。

（2）注意数据校正

高层建筑的测量施工受测量条件和环境的影响，他们会引起数据测量误差，同时测量设备自身也具有一定的测量误差，所以在测量过程中，在测量结果出来后要根据测量环境、施工条件进行数据校正，并做好测量数据的处理与分析工作。

（3）测量过程的管理

高层建筑测量工作比较烦琐，测量任务重，再加上高层建筑自身结构复杂、高度和广度跨度大，如果测量管理不到位很容易造成误差积累而使得最终产生不可接受的误差。在高层建筑测量工作开始前，要对测量过程进行设计，对测量人员的任务进行有效分配，对测量设备进行有效甄选，确保测试人员、设备以及流程之间相互配合，从而确保测量数据统计、数据传递不会发生失误，促进高层建筑测量工作的有序开展。

（4）配合监理完成复核工作

高层建筑测量必须有测量人员签字，工程项目监理审核之后才能作为有效测量数据。在建筑工程的有序开展以及数据审核方面，工程项目监理起到了非常重要的作用，是保证高层建筑测量数据的科学性与有效性的最后一道保障。所以无论是建设商、施工人员还是测量人员都要积极配合监理完成高层建筑测量结果的复核工作，确保高层建筑测量工作的质量。

高层建筑测量是建筑工程项目施工的前提和保障，对于体现和控制高层建筑的工程质量有非常大的作用。高层建筑测量质量控制，要严格把握测量工作的要点，通过选择精度高、可靠性强的测量设备，提高测量人员的技术素质，根据测量环境完成数据校正等措施来保障测量数据有效性。然后通过在整个建筑工程施工阶段的控制对基础、楼体等各个方面的测量，以及对测量工程的管理，来保证高层建筑测量的质量，从而为高层建筑质量提供科学有效的数据。

第三节　高层建筑施工的垂直运输方案

当前国内超高层建筑工程的建造方兴未艾，对施工方来说，超高层建筑施工的难点颇多，其中一个核心问题就是垂直运输。在实际施工中，作为施工方不仅要关注垂直运输的能力，更要关注如何通过分析垂直运输需求，完善方案、加强管理等措施，提高垂直运输的效率。本节依托某超高层建筑工程的实例，介绍工程垂直运输需求、垂直运输方案和管理措施，以抛砖引玉，供同行参考。

一、工程项目背景和垂直运输需求

（一）工程项目背景

某超高层建筑工程集高档办公、酒店、零售、娱乐功能于一体。工程总建筑面积近 $600000m^2$，总高度超 600m。建筑自重质量近 100 万 t，其中混凝土约 28 万 m^3，钢筋近 10 万 t，钢材 10 万 t，幕墙板块 3 万余块。高峰时段施工人员近 4000 人，每天高达上万人次的人员上下，特别在上下班高峰时刻，对垂直运输体系来说是一个严峻的考验。且该工程合同工期相对于同类型工程更为紧迫，因此，从垂直运输角度来说必须全面考虑最优方案和强化管理措施，方可为工程顺利实施提供先决条件，进而确保工程目标。

（二）垂直运输需求

该工程垂直运输对象依据所用运输设备主要可分为以下 3 类：

1. 塔吊运输类

当建筑材料的尺寸和质量超过电梯承载能力，或用电梯运输效率低下时必须使用塔吊运输。该工程采用了 4 台 24000kN·m 的动臂式塔吊，运输的主要材料详见表 1。

2. 特殊设备运输类

鉴于该工程的特殊性，还需采用其他辅助施工的特殊设备进行垂直运输。

3. 电梯运输类

该工程施工阶段电梯垂直运输的一个主要内容为人员。工程高峰期时主体结构、幕墙体系、机电毛坯管线、机电设备房、二结构、初装饰、精装饰等多工种同时施工，人员峰值达 4000 人，还有大量的业主、设计、监理、施工管理人员需随时到达所需作业面指导工作。另一主要内容为工程材料。这部分材料使用电梯运输主要有以下几个原因：

（1）塔吊无暇顾及；

（2）采用塔吊运输不经济，效率低；

（3）采用塔吊运输不能到达施工作业面。

二、塔吊和特种设备垂直运输方案的拟定

（一）塔吊

从常规施工经验可知，塔吊主要工作内容是钢结构常规构件吊装，本工程在项目筹备阶段已分析出总吊装次数近 10 万吊，并定性地分析了各专业吊装比率。经上述分析，考虑该工程总体进度需求，并结合以往施工经验，根据塔吊吊装速度，确定了本工程主楼结构施工采用 4 台塔吊的方案。该塔吊起重能力 24000kN·m，双绳最大起重能力 1000kN，是工程材料垂直运输的绝对主力。

（二）大体量混凝土垂直运输方案

本工程混凝土用量约28万 m^3，包括核心筒、巨型柱、组合楼板。在综合考虑质量、进度、安全后，确定了混凝土一泵到顶的方案，其最大泵送高度将超600m。为确保施工安全，同时考虑了两用一备的原则，即设置了三路固定泵。根据以往超高层建筑泵送混凝土的施工经验，考虑到超高层建筑工程历时较长，影响因素众多，在选择混凝土固定泵泵机时需留有一定余量。为此经我上海建工集团工程技术人员与固定泵厂商联合攻关，生产出最大、泵压力和功率均达世界领先的固定泵用于本工程，并对泵管进行优化，确保了混凝土工程的顺利实施。

（三）行走式塔式起重机

该工程外幕墙支撑结构为万余t钢支撑体系，为确保幕墙安装的整体进度，尽量减少对大塔吊的占用，我们制定了大塔吊批量垂直运输钢支撑构件至设备层顶层，再由布置于设备层顶层的3台行走式塔式起重机逐件安装的施工策略。

（四）轨道式悬臂吊机

在外幕墙每个分区的幕墙支撑安装完成后，即开始该功能区的幕墙板块施工。板块运输策略为：吊车先将板块通过楼层吊运平台运输至楼层，在楼层内由门式吊机转运，再由轨道式悬臂吊机进行板块安装。

（五）台轨道式悬臂

吊机布置于设备层的中层，此吊车需能沿楼边行走，且吊臂应具有伸缩功能，以配合将要安装单元板的收进输出。

（六）电梯垂直运输方案

本工程建筑体量大、高度高，需要电梯运输的施工人员与材料数量极其庞大。所以，人货两用电梯方案的合理与否，将直接影响工程进度，还有施工电梯后期与永久电梯的使用转换合理与否，同样是保证工程顺利建造的关键。若本超高层建筑施工安装外附式施工电梯不仅困难大、成本高，而且会影响幕墙面不能收头，将直接影响到内装修工程，甚至影响到建筑的整体密闭防水。经研究，本工程主楼核心筒内电梯井道数量较多，井道洞口尺寸也较大，如能利用核心筒内的电梯井道进行人货两用电梯设置不仅方便而且合理。故方案制定时通过详细研究本工程永久电梯的设置位置、运行区间、进度要求等因素，结合各施工阶段垂直运输的需求分析与统计，确定了施工电梯分阶段使用方案。最终决定依托核心筒结构布置了11台人货两用电梯，施工后期随着高区机房施工完毕，逐步启用9台永久电梯主导垂直运输，实现了临时和永久垂直运输体系的转换。

（七）垂直运输管理

施工实践表明：富有远见性的方案预研是垂直运输的基石；根据工程进展预判性地对实际方案进行合理调整是垂直运输方案能否正常执行，发挥效力的关键；而树立全局性的指导思想，建立完善的垂直运输管理制度则是这项工作的核心。

三、垂直运输管理指导思想

（一）本工程垂直运输典型指导思想如下：

1. 塔吊、电梯等垂直运输设施为工程公共共享体系，必须由总承包统一管理、安排，由总承包指定专人每天每周召开专题会详细讨论并安排垂直运输工作。

2. 项目垂直运输矛盾的解决需开源节流，开源就是增加垂直运输能力，节流就是内部挖潜，以提高塔吊每一吊、电梯每一笼的运输效率。

3. 大宗材料运输必须提前一周申报，并固定运输日期，这样既有利于塔吊和电梯的合理安排，也有利于工程场部管理。

4. 大宗材料应集成吊运，以尽可能多地用塔吊，其效率较高。比如：采用集装箱吊运二结构石膏板，每吊质量可达 15t，费时约 30min，如使用施工电梯，约 6 笼，考虑到电梯运行时间，装货卸货时间，需 1 台大型货梯运输 180min，费效比显而易见。

5. 应尽可能地确保施工人员到达每层的垂直运输路线不少于 2 条，每层需有 2 台大型货梯到达。

6. 为减少搬运，大型货梯还应尽可能到达更高的楼层，让货物一次到位，但考虑到施工电梯运行速度慢时间长，人员运输电梯行程不宜过长，人员上下可在中间楼层周转电梯。

7. 永久电梯的货梯应尽早投入使用，实践表明因其运行速度快、效率高，人员和货物运输效率为同尺寸施工货梯几倍，本工程就是在 1 部 5m×3m 的 3.5t 永久货梯投入使用后全面改善了人员上下班的拥挤状况。

8. 落地电梯应尽可能多配置，实践表明，地面至楼中电梯周转层这个阶段常为垂直运输工作量最大区域。

9. 施工电梯与永久电梯的转换应在施工方案中作重点研究。

10. 上下班高峰必须首先满足人员运输。

（二）塔吊管理制度

本工程使用塔吊的分包单位众多，材料各异，吊装任务繁重，经统计，施工高峰期 4 台大塔吊每天平均需工作 20h 甚至更多。为了有序有效地使用塔吊，充分发挥塔吊效能，平衡各专业需求，既确保关键线路的正常进行，又尽力将总体效益最大化，总承包根据工程进展，分阶段地制定和修订了塔吊使用管理办法，作为工程塔吊使用方式的准则。以下为管理办法中几项典型内容：

1. 白天塔吊以钢结构吊装为主，中午依据其他专业需求，根据实际钢结构施工状态，酌情提供 1～2 台塔吊吊运，这项工作需每天现场协调确定。

2. 夜晚主要吊运材料，各参与施工单位需在每周五提前申报下周每天塔吊需求台班表，由总承包专题会综合平衡、统一安排，如未申报的概不通融，此项强制措施对大宗材料的垂直运输顺利运行至为关键。

3. 每天下班前召开当晚和第二天白天塔吊使用专题会，再次协调和确认计划，形成任务单，塔吊司机和指挥依据此单工作。

4. 详细规定塔吊夜间工作时上下吊装面的吊装指挥配置，避免塔吊所有单位考虑到成本减少夜间指挥数量，降低了夜间吊装效率。

5. 塔吊运输的散件必须采取措施以便每吊质量最大化，以充分利用塔吊的能力，比如幕墙板块垂直运输支架修改后由每吊 3 块板块提高为每吊 5 块。

（三）电梯管理制度

电梯管理与塔吊管理不尽相同，电梯运输的人员和物品种类多，分散性大，亟需强调对单位运输方案的管理和运输人员的管理。管理办法的核心在于提高货物上下电梯的装卸速度。本工程电梯管理制度典型内容如下：

1. 强调电梯维护和操作管理，确保电梯正常使用率。

2. 电梯工依据总包每天开出的当晚或第二天白天任务单工作。

3. 制定好的电梯运输计划必须严格执行，不得超时影响下家运输，如有分包单位恶意多申请电梯用时，则下次将扣减其需求时间，甚至停运一周以示惩罚。

4. 散件运输应有切实可行的方案，必须采取将散件集成装箱等提高上下电梯效率的措施。

5. 非泵送混凝土采用的小推车必须加高 10cm，一是确保其装载量，二是避免洒落，确保文明施工。

6. 加强管理，对浪费电梯的行为严惩不贷。

7. 及时张贴、宣传现阶段电梯使用规划、安排，做到场务公开，吊运有序。

垂直运输是超高层建筑施工的永恒主题，鉴于建筑工程的唯一性，每个工程都必须强调制定针对性的方案和管理措施。特别要根据项目不同的实施阶段，综合考虑原方案和现场实际情况，发挥主观能动性。

第四节　高层建筑主体结构施工

高层建筑主体结构是高层建筑施工中的重点同时也是难点，高层建筑主体结构的施工质量直接影响着高层建筑的施工质量。在现今高层建筑主体结构的施工中仍存在着诸多问题影响着高层建筑主体结构的施工质量，做好高层建筑主体结构施工缺陷的分析并通过采取针对性的措施对于提高高层建筑主体结构的施工质量有着极为重要的推动作用。

一、高层建筑主体结构的施工特点

高层建筑的主要特点是建筑楼层多、高度高，整个高层建筑是建筑艺术的集大成之作而不仅仅是高层建筑主体结构的多层叠加，这些都为高层建筑主体结构的施工带来了较大的困难。此外，高层建筑在施工的过程中还存在着施工量大、施工工期紧等的特点。在高层建筑主体结构的施工过程中需要结合高层建筑主体结构的特点采取合理、科学的施工技术与施工工艺来对高层建筑主体结构进行施工确保高层建筑主体结构的施工质量。

二、高层建筑主体结构施工方法

（一）筒体结构

在开展高层建筑工程施工的过程中，如果采取筒体结构，经常是将钢筋混凝土作为建筑的主体称重结构，在实际施工的过程中，大部分施工单位也经常采取现浇技术，这样就可以进一步确保高层建筑内部结构的完整性。而对于现浇技术来说，主要分为大模板和组合模板以及滑动木板。在正常的情况下，高层筒体结构还可以被分为内筒和外筒两个部分，但需要将两个部分之间的误差控制在 2m，跨度控制为 10m，从而保证建筑质量。另外，在开展高层建筑主体结构施工的过程中，需要确保施工方案的合理性，符合现浇叠合楼板和压型钢板以及混凝土薄板的需求。因此，为了能够满足施工中的需求，就可以采取预制助梁现浇叠合楼板的方法。

（二）现浇框架结构

现浇框架结构的施工方法，已经在我国当前大部分高层建筑工程中得到广泛的推广和应用，经常会在梁架结构施工中使用。而在设计现浇框架结构施工方案的过程中，不仅需要确保方案内容中适用性和连贯性的特点，还会消耗大量的人力和物力的资源，并且对钢筋加工和现浇混凝土配比以及养护工作也具备严格的要求。另外，在开展高层建筑主体结构施工的过程中，如果采取现浇框架结构的施工方法，主要可以被分为整袋散拆和钢模板以及滑模施工三种方式，因此，想要提高模板周转的速度，就需要及时开展拆除工作。

（三）现浇剪力墙结构

对于现浇剪力墙结构的施工方法来说，主要分为大模板和滑动模板施工两种方式。对于大模板施工方法来说，其自身具备整体性和操作快捷的特点，并且其自身的工作量较小，其自身抗震性能也非常强。但我国现阶段在开展高层建筑承重墙施工的过程中，经常采取的是大模板施工方式。另外，对于滑动模板的施工方式来说，其自身具备整体性的特点，还可以提高整体施工效率。

（四）钢筋工程

在开展钢筋工程施工的过程中，需要保证钢筋接头位置和钢筋制作绑扎方式的合理性。在确定钢筋接头位置的过程中，需要对以下几个方面的要求进行严格控制：第一，需要将梁底部的钢筋放置在支座的位置，还需要对接头钢筋的面积严格控制。第二，在开展竖向楼板施工的过程中，在对支座位置的钢筋和楼板进行连接的过程中，需要对钢筋之间的位置严格控制。而在设置短钢筋的过程中，需要依照工程实际特点和状况，确保设计内容的合理性，在对施工缝预留的过程中，还需要依照相关要求，完成插缝的工作。第三，需要对钢筋制作和绑扎工作的规范性进行控制，当遇到相关问题的过程中，需要与相关设计单位及时沟通，在经过反复核对之后，才可以开展钢筋样品审核的工作。第四，在完成钢筋绑扎工作的之后，需要避免出现位置交错的现象，保证钢筋位置的固定性，而当板钢筋在牢扎的过程中，需要通过交叉点环绕的施工方式，从而保证钢筋实现双向受力的目标。

（五）模板安装

在开展支模施工之前，需要对模板比例进一步设计，并进行详细的标记，对缝模的余量进行适当的调整。而在实际开展现浇混凝土模板施工的过程中，需要清理模板内部的杂质，并适当涂刷隔离剂，在实际涂刷的过程中，需要对隔离剂涂刷工作严格控制和管理。而在开展现浇混凝土模板施工之前，涂刷隔离剂，能够避免混凝土在后期出现硬化的现象，最终预防出现模板粘接的现象。

三、影响高层建筑主体结构施工因素

（一）高层建筑主体结构施工的大模板工程中容易出现的问题

我国目前高层建筑主体结构施工的发展并不完善，施工过程中更是暴露了很多问题。施工过程当中用于浇筑混凝土墙体的成套模板技术，大模板工程就是其中之一。在经过专业研究人员结合实际测量得到的真实数据和具体的经验进行分析判断后，可确定混凝土的浇筑问题是引起模板工程中问题出现的主要原因之一。若混凝土浇筑过程中出现接缝不严、有空隙现象，会使其表面出现许多不平整的小块来影响施工操作和施工质量。且在拆除模板的过程中容易出现混凝土柱、墙、梁歪曲、变形等现象，都会严重影响整个工程的施工质量。

（二）高层建筑主体结构施工的钢筋工程中容易出现的问题

高层建筑主体结构施工过程中钢筋工程中亦存在着一些缺陷和不足。钢筋材质的选择直接影响到了高层建筑的强度问题。还有实际操作中一些细节上的问题。因钢筋工程中同一连接区段内的接头过多，操作复杂不便，很容易出现接头连接方面的操作错误，进而影响后续的操作和工程质量，留下安全隐患。比如若是钢筋相连的交点处交叉杆件主筋相碰，或接头时与抗震设防要求的框架梁端和柱端的箍筋加密区等处相接，会影响高层建筑的质量安全和正常功能，并导致安装无法有效完成。

（三）高层建筑主体结构施工混凝土工程中容易出现的问题

混凝土在高层建筑主体的整个施工过程中的一个重要组成部分，应用相当广泛。混凝土工程中容易出现混凝土的色差较明显，表面蜂窝、麻面和气泡较多等问题，也会因为操作不当的问题而造成的混凝土浇筑结果不平整、裂缝大、棱角模糊等现象。这些质量低劣的混凝土明显不能满足施工过程的要求，将直接影响到施工的整体质量。因此对混凝土的合格程度设定一个较高的指标来进行约束显得十分重要。

四、高层建筑主体结构施工管理与质量控制

（一）加强对于高层建筑主体结构施工方案的完善

在高层建筑主体结构的施工过程中应当结合高层建筑主体结构的特点制定出相应的施工方案并与设计单位进行技术交底和讨论来更好的完善高层建筑主体结构的施工方案。高层建筑主体结构施工方案中应当对各工序进行良好的安排并安排好各工种的进场时间及各关键项目中所采用的施工工艺和施工技术。在高层建筑主体结构的施工过程中技术人员及测量人员需要加强对于高层建筑主体结构的测量，并联合建设方对高层建筑主体结构进行必要的轴线测量，对于高层建筑主体结构施工中的各项标桩应当做好标注，并定期检查复测。在对高层建筑主体结构进行施工测量的过程中应当按照先整体后局部的测量原则，首先进行控制轴线的放射，而后以此对高层建筑主体结构的轴线、边线、模板线的布设进行测量。在对高层建筑主体结构进行测量的过程中需要借助水准仪对相关测量数据进行严格的校验，以确保高层建筑主体结构能够按照相关设计严格进行施工。

（二）做好高层建筑主体结构施工中水泥混凝土质量的控制

在对高层建筑主体结构进行混凝土浇筑前需要对绑扎钢筋做好表面清洁，并注意检查钢筋绑扎是否牢固，如发现存在问题要及时地进行处理。为提高高层建筑主体结构所使用浇筑混凝土的抗裂性，可以通过在其中加入添加剂的方式来实现. 对于添加剂的添加需要严格按照科学的方法来进行，同时还可以通过在水泥混凝土中加入有机、无机纤维或是金属纤维等，通过这些纤维的添加来有效地增强水泥混凝土的抗裂性. 此外，对于高层建筑主体结构所使用的水泥混凝土有着严格的配比要求，通过做好水泥混凝土的配比控制来确保高层建筑主体结构所使用水泥混凝土的强度，确保高层建筑主体结构的施工质量。

在完成了对于高层建筑主体结构的浇筑后需要做好水泥混凝土的养护。在水泥混凝土的养护过程中关键是要做好对于温度的控制和水泥混凝土约束力的降低。在降低水泥混凝土约束力方面可以通过控制好水泥混凝土中的温度应力以及降低水泥混凝土材料中的约束力的方式来加以实现。具体的方法可以通过做好浇筑水泥混凝土的温度控制，减少水泥混

凝土内外部的温差从而减少水泥混凝土内部所产生的温度应力。此外，通过设置滑动层层的方式用以减少外部地基所带来的约束力。在对浇筑水泥混凝土温度的控制中，可以通过采用控制浇筑温度、强制降温等的方式来做好对于温度的控制。对于夏天和冬天两个极端的天气需要分别做好降温和保暖，从而将浇筑温度控制在较为合理的区间范围内，确保高层建筑主体结构的施工质量。

（三）加强高层建筑主体结构施工中的技术管理

良好的高层建筑主体结构施工质量离不开完善、科学的施工管理，在高层建筑主体结构施工的过程中施工企业应当严格按照国家的相关标准、规范来进行高层建筑主体结构的施工作业，加强对于高层建筑主体结构施工中各环节的优化、管控。严把材料关，确保高层建筑主体结构施工中所使用的材料都符合国家的相关标准。对于高层建筑主体结构施工中所采用的新材料、新技术以及新工艺等应当建立完善的审核流程，在其应用之前需要对其进行科学的论证以确保其在高层建筑主体结构施工应用中的可行性。做好高层建筑主体结构施工中的管理、合理的安排施工作业流程，以确保高层建筑主体结构能够按照预期保质保量地完成施工。

高层建筑主体结构是高层建筑施工中的重点环节，在对其进行施工的过程中需要结合高层建筑主体结构的特点合理的安排施工工艺，通过科学化、规范化的管理确保高层建筑主体结构的施工质量。

第五节　建筑施工高处作业安全技术

当前城市高层建筑越来越多，使得建筑高处施工作业也越来越多，这就增加了建筑高处坠物坠人的事故发生概率。当前的很多恶性工伤事都是由于高处作业防护不当而造成的。下面简要探讨建筑施工高处作业的安全技术措施。

一、加强高处作业人员的管理

（1）高处作业人员应穿戴相应的安全防护服装和装备，配备安全帽、安全带和有关劳动保护用品，并且按照正确的使用方法进行使用，安全带应系挂在施工作业处上方的牢固物体上，安全带下方应有足够的净空，并且系挂部位不得有尖锐棱角，安全帽要系好下颌带。

（2）从事高处作业的人员应不得患有相关的职业病，如高血压病、心脏病、贫血、癫痫病，严禁酒后从事高处作业，不得让过度疲劳和思想情绪低落人员从事高空作业。

（3）严禁攀爬脚手架或乘运料井字架吊篮上下，且不得从高处跳下，以防摔伤。

（4）高处作业人员不得站在不牢固的结构物上，严禁在高空处休息，悬空高处作业要穿软底防滑鞋，严禁穿拖鞋、高跟鞋或赤脚进行高空作业。

（5）冬季严寒作业时应采取防冻防滑措施。

二、加强高处作业机具的管理

（1）登高用具在使用之前，应加强检查验收力度，严禁使用存在安全隐患的不合格用具，发现不合格的用具及时修理或更换，确保高处作业施工安全。

（2）高处作业使用的脚手架、梯子、吊篮、升降用的卷扬机及安全带、安全帽等工具，应进行经常性的维护和保养，并由专人负责保管工作，确保工具完好无损。

（3）在格栅式平台上工作时，应铺设木板，以防物体从孔隙坠落伤人，递送工具、材料应用绳捆牢后上下吊送，不得随意抛掷。

（4）高处作业应一律使用工具袋，工具较大时应用绳拴牢在坚固的构件上，不得在上下的过程中手持工具或其他物体。

（5）工作过程中任何作业人员严禁向下抛掷物料，除非是指定的已采取防护围栏的可以倾倒废料的地方除外。

（6）上下层同时进行作业时，应在层间设置牢固的防护隔板等隔离设施，以防上层施工对下次人员的不利影响。

（7）不得使用卷扬机、吊车等升降设备载人。

（8）在脚手架上堆放易滑动、易滚动的工具、材料时，应采取一定的固定或防护措施，以防坠落伤人事件。

（9）夜间高处作业应有充足的照明，不得在光线不足的条件下进行高处作业。

三、做好交叉作业的安全防护

施工现场常存在这样的现象，及在不同的楼层间，处于空间贯通状态下同时进行作业的，即为上下立体交叉的作业，此时应注意禁止同时在同一垂直方向上进行支模、砌墙、抹灰等施工活动；下层作业应处在上层可能的坠物范围半径之外。结构施工自二层起，对于人员进出通道口须设置安全防护网。施工高度大于24m的交叉作业，须设置双层防护设施。

四、做好临边与洞口作业的安全防护

基坑周边，尚未安装栏杆或栏板的阳台，以及无外脚手的层面，雨篷与挑檐边等处，均应设置防护栏杆。分层施工的楼梯口和梯段边，应设临时防护栏杆，首层墙高度超过3.2m的二层楼面周边，须在外围架设一道安全平网。井架与施工用电梯和脚手架等处，应设防护栏杆。对于垂直运输接料平台，除两侧设防护栏外，还应在平台口设置活动防护栏杆。临时防护栏杆应由上、下两道横杆及柱组成，当建筑屋面坡度较大时，防护栏杆应高 1.5m，并设安全网。固定基坑四周的栏杆时，可将钢管打入地面 0.5m 深，且钢管距离基坑边上不小于 0.5m。当在混凝土楼面、屋面或墙面固定防护栏杆时，可借助预埋件并将其同钢管进行焊接。当栏杆所处位置可能发生人群拥挤、车辆碰撞等情况时，须进一步采取加固措施，如加密柱距或加大横杆截面。高处作业外侧面临街道时，除防护栏杆外，还应进行挂安全网等措施进行全封闭处理，以防坠物伤人。对于高空作业的洞口处，也应严格采取防护措施，对于板与墙的洞口，应设置牢的盖板、安全网等防护设施；钢管桩、钻孔桩等桩孔上口，以及未填土的坑槽，都应设置安全标志，做好洞口防护，夜间还应设红灯示警。电梯井口必须设防护栏杆或固定栅门，并且在其内部以不超过 10m 的间距设置安全网。楼板、屋面和平台等面上孔口短边尺寸处于 2.5 ~ 25cm 之间时，应用具有防止挪动移位的盖板盖没，对于 5cm ~ 50cm 的洞口，可用竹、木等作盖板，盖住洞口；边长为 50cm ~ 150cm 的洞口，应设置由钢管组成的间距不大于 20cm 的防护网；边长超过 150cm 的洞口，四周设防护栏杆，并在其内部设置安全平网。管道井施工时，不仅要做好防护栏杆，还须做好明显的标志。

五、高处悬空作业的操作技术

（1）悬空安装大模（墙）板、以及吊装单独的大中型预制构件时，吊装中的大模（墙）板、预制构件等屋面板上不得站人，应对操作平台配置防护栏杆、网或其他安全设施，并且严格要求操作人员站在操作平台上操作。

（2）应按规定的操作程序支设模板，并且只有在将模版彻底固定好后方可进行后面的工序，不得在同一垂直面上安装或拆除模板；不得在连接件和支撑件上攀登；模版结构复杂时，须按照施工组织设计的安全技术措施进行装卸。支设凌空构筑物模板时，应搭设脚手架；支设悬挑构件模板时，须有稳固的立足点供安装人员进行操作；模板上有预留洞时，安装应后将洞口盖严。高处拆模作业时应搭设脚手架或配置登高梯架，不得站在模板支撑上操作。拆除模板后不得随意堆放，临时堆放处离楼层边沿不小于 1m，并且不能堆放过高。

（3）在高处绑扎钢筋和安装钢筋骨架时，应搭设脚手架，绑扎悬空大梁钢筋时，应在满铺脚手板的操作平台上操作，绑扎外墙、圈梁、挑梁等构件钢筋时，也须搭设操作平台，并加设安全网。

（4）浇筑离地 2m 以上的框架、过梁及雨篷时，需要搭设操作平台，不得站在模板、钢筋或支撑件上操作。浇筑筒仓等构筑物时，不仅要搭设脚手架和脚手板，施工时还应注意先封闭下口，以防人员和料具坠落；浇筑拱形结构时，应自两边拱脚同时向拱顶施工。操作人员还应根据实际情况系好安全带，扣好保险钩，以防坠落。

（5）悬空进行门窗作业时，施工人员不得站在窗框、阳台栏板上操作，应注意不得用手拉门、窗框（扇）进行攀登，以防门窗临时固定、填缝料未达到强度而出现松动及坠落事故。在高处外墙上安装门窗时也应搭设外脚手架或挂安全网，未搭设时，施工人员须系好安全带，并将保险钩挂牢。进行窗口作业时，施工人员须使身体处在室内进行施工操作，不得站在外窗台板上操作，施工过程中要系好安全带。

（6）对于在高处装有行走轮的移动式操作平台，要保证行走轮的制动装置能够正常工作，轮子与平台立杆的接合处应牢固，平台应加设上下扶梯，操作平台四周须设置防护栏杆和安全网。操作平台上的总荷载不得超过其允许的最大值。

建筑施工的安全事故严重威胁着建筑工人生命和国家财产安全，所以我们一定要牢固树立"以人为本"的理念，在建筑工程高处施工作业过程中，始终把施工人员的安全放在第一位，建立健全安全生产管理机构和管理制度，将安全技术规范落到实处，加强施工过程中的检查监督力度，及时发现并纠正违规操作行为，消除施工安全隐患，努力将施工事故发生概率以及事故的危害程度降到最低，保证工程项目安全、顺利地进行。

第八章　防水工程施工技术

第一节　屋面防水工程

建筑屋面的防水工程是工程质量的一个重要考核标准，所以在现代化建筑建设的时候，对于屋面的防水处理非常重视。从目前的施工实践来分析，进行建筑屋面的防水处理，主要从防水材料的选择和防水施工来实现。防水材料是屋面防水的重要保证，材料性能的高低直接关系防水性的好坏，而防水施工技术对于防水效果而言更为重要，如果技术施工出现问题，即使材料性能再好，防水效果也会大打折扣。所以在建筑屋面的防水处理中，材料选择和技术施工要齐头并进。

一、屋面防水工程中存在质量问题

（一）防水工程分级合理性有待加强

作为建筑工程建设的重要组成部分，屋面防水工程施工质量的不断提高，有利于优化建筑工程的服务功能，提高工程的施工质量，增加工程的施工效益，最大限度地满足使用者的实际需求。因此，需要对建筑屋面防水工程进行合理的分级，运用可靠的技术措施进行施工处理，不断延长建筑物的使用寿命。当前我国在建筑屋面防水工程分级中主要考虑的是建筑物的使用年限。具体表现在：

①针对使用年限超过25年的工程，防水工程施工中应设置三道或者三道以上防水设防，确保建筑屋面在使用年限规定的范围内不会产生基础防漏问题，确保整个屋面质量可靠性；

②对于使用年限处于 10～25 年的建筑物，屋面防水施工中应采用两道防水设防，优化建筑屋面防水性能；

③相对而言，使用年限为 5～10 年的建筑工程，应注重其屋面防水施工中防水设防措施的合理制定与实施；

④使用年限处于 5 年以下的建筑屋面，防水施工中采用的是一道防水设防方式。但是，由于建筑工程屋面长期使用中可能会受到某些客观存在因素的影响，应结合屋面的实际情

况进行防水分级，确保屋面防水工程施工质量可靠性。同时，屋面防水施工处理中应充分考虑建筑工程的排水功能，增强其屋面防水质量，降低屋面漏水现象出现的概率。

（二）建筑屋面防水的质量通病

结合建筑工程施工的实际发展概况，可知房屋建筑渗漏问题发生频繁，对建筑物的正常使用埋下了较大的安全隐患。造成房屋建筑渗透现象出现的影响因素较多，如建筑设计方案不合理、材料质量缺陷、施工水平选择不当等，都会影响建筑工程屋面防水质量。具体表现在以下方面。

1. 建筑设计方案不合理

在正式拟定房建设计方案前，一般会对工程所在地的气候变化情况、地理地质环境等各方面因素进行较为全面、完整的考察，以确保最终设计方案内所确定的房建结构等具体环节与周边环境保持一致。然而在实际工作中，大多数设计人员在房建地基与楼梯等设计环节投入了过多精力，但针对屋面等细节部分却缺乏基本考虑，间接地影响了建筑屋面的防水性能。

2. 防水材料质量存在缺陷

由于建筑市场防水材料质量参差不齐，若一些存在质量缺陷的材料进入建筑工程施工现场，往往会给建筑工程后期投入使用后埋下一定的安全隐患，间接地加大建筑屋面发生漏水问题出现的概率。

3. 施工水平有待提升

作为建筑屋面防水工程建设的重要环节，施工阶段屋面防水施工水平的不断提升，有利于提高防水工程质量。但是，由于某些施工人员缺乏必要的责任意识，施工中实际的操作不规范，致使防水工程施工水平难以达到工程建设要求。

4. 后期维护管理不当，建设单位行为不规范

由于建筑屋面防水工程长期处于复杂多变的自然环境中，一定条件下可能会造成建筑结构变形，影响了防水层的使用功能，需要注重防水工程施工完毕后的维护管理。但是，由于某些管理人员缺乏责任意识，忽视了防水工程质量管理工作的落实，致使建筑屋面防水维护管理不到位。同时，某些建设单位实际行为不规范，也会影响建筑屋面防水工程施工质量。

二、建筑屋面防水工程施工技术要求

（一）卷材防水技术

采用卷材铺贴的方式对建筑屋面进行科学的防水处理，有利于提高屋面防水工程施工质量。因此，在开展防水工程施工计划时，应充分考虑卷材防水技术要求及屋面的实际情况，对屋面进行合理铺贴，严格遵守卷材防水技术要求。这种防水处理方式适用于建筑屋

面漏水并不严重的情况。

（二）刚性防水技术

使用防水技术选择防水材料时主要是细石混凝土。相对而言，这种防水技术成本低，实际操作简单，但会受到室内温度及外界气候变化影响。若气温上升较快，容易造成屋面裂缝问题产生。因此，建筑屋面防水工程中使用刚性防水技术进行防水处理时，应做好定期的养护管理，避免影响防水工程质量。

（三）涂膜防水屋面技术

所谓的涂膜防水是指采取合理的方法用防水涂料涂刷建筑屋面，一定时间内涂料固化后会形成一定厚度的柔性防水层面，进而满足屋面防水要求。使用这种防水处理技术进行操作时，应确保防水基层抹平，避免其存在质量缺陷。同时，排水坡度设计时应达到设计方案要求，防水层设置时应高于排水口，确保屋面积水的顺利排除。同时，施工中应确保阴阳角、排水口等重点部位的清洁性，并保证所有构件的安装牢固，避免出现松动。当防水涂料调配完成后，屋面涂刷中应进行逐层涂刷，保持建筑屋面涂刷效果。

三、屋面防水工程施工质量控制

（一）落实施工前的技术准备工作

在实施建筑屋面防水工程施工计划时，施工单位相关技术人员应加强图纸会审，结合施工图中整个建筑结构要求确定最佳的施工方案，避免施工中出现返工现象。同时，应做好施工组织工作，确保屋面防水工程施工计划顺利实施。

（二）选择可靠的防水材料

防水材料性能的好坏，影响着建筑工程屋面防水工程施工质量。因此，进入施工现场的防水材料应进行严格检查，了解其生产日期、规格、检验报告单等，并开展复检工作。检验合格的防水材料才能应用于防水工程施工中。在可靠的防水材料支持下，有利于提升防水工程实际应用中的潜在价值，降低屋面漏水问题发生概率。

（三）全面提升防水施工水平，满足施工程序要求

为了使建筑屋面防水工程施工能够达到预期效果，应结合工程的实际概况及行业技术规范要求，全面提升防水工程整体施工水平，并强化参与工程施工所有人员的责任意识，最大限度地满足防水施工程序要求。

（四）加强后期的维护管理，保持实际操作规范性

防水工程施工完成后，为了避免各类因素对工程质量造成不必要的影响，应加强工程后期的维护管理，注重基层处理剂的合理使用，有效处理防水层的分隔缝，增强防水工程

质量可靠性。同时，施工单位应保持自身实际操作行为规范性，结合防水工程施工的实际要求开展施工计划，消除影响工程质量的各种干扰因素。

四、屋面防水工程施工技术应用

（一）建筑屋面防水工程施工技术应用的重要性

建筑屋面防水施工是整体建筑施工过程中的核心施工部分，对于屋面的防水具有重要意义，可以有效提高建筑建造质量，而建筑屋面防水工程技术施工是有效提高工程使用寿命的关键点，因此只有在科学的防水施工理论指导下进行高质量施工，才能有效避免建筑屋面出现漏水现象。一旦防水工程施工中出现施工失误，极其容易导致建筑物在使用过程中发生漏水、渗水现象，从而影响建筑使用者的日常使用，同时也从侧面反映出施工企业的技术漏洞，从而损害建筑企业的信誉和企业形象，给建筑行业内部企业的正常发展造成阻碍。

（二）影响建筑屋面防水施工技术的问题及其因素

1. 材料质量问题

建筑屋面防水工程施工技术能够得到有效应用的重要前提是需要有良好的施工材料，因此建筑防水材料是决定工程施工质量的核心因素。俗话说，巧妇难为无米之炊，因此防水材料的质量能够达到防水标准才能保证施工工程在后续使用中有效发挥其防水功能，一旦防水材料的质量出现问题，将会造成漏水现象，从而影响建筑物的正常使用。随着当前建筑行业的迅速发展，建筑企业对于建筑屋面防水施工越来越重视，防水材料质量也在日益增高，但是值得注意的是，当前我国建筑行业内的屋面防水材料质量标准未形成统一共识，因此不同企业生产的防水材料性能差异较大，并且由于市场的自发性原因，部分企业在施工过程中为了降低生产成本，往往采取低价不达标的防水材料，从而极大影响了防水工程正常发挥作用，甚至部分防水材料生产厂商利用低质材料以次充好，从而导致材料从源头上出现不达标现象，影响防水施工工程的正常开展。

2. 防水工程设计方案问题

一个良好的防水工程设计方案可以有效提高建筑屋面防水工程的质量，从而发挥防水施工技术应有的作用，因此科学合理的防水工程设计，可以有效发挥防水工程，而如果防水工程设计方案出现技术性失误，将会影响施工过程的正常开展，从而影响施工完成后屋面防水效果，甚至一些严重的技术性失误可能导致二次施工，在延误工期的同时浪费施工资源，提高施工成本。因此，建筑屋面防水设计关系到防水工程能否正常发挥作用，与此同时，企业在加大对建筑屋面防水工程设计方案重视的同时也不能忽略排水工程的设计，如果没有良好的排水工程，则可能导致屋面出现积水现象，从而使得原有防水工程的使用寿命缩短。举例说明，在我国南方地区，对于建筑屋面的防水工程进行科学设计的同时，需要提高建筑屋面的排水坡度，从而避免出现积水问题，减少屋面漏水现象的发生概率。

3.防水工程的施工管理问题

建筑屋面防水工程的施工过程直接关系到施工质量，因此要想达到良好的防水效果、提高工程质量，除了对施工材料严加控制、进行科学合理的防水工程设计之外，还应该对防水工程的施工过程加以有效的监督和管理，确保施工过程的实际施工操作按质按量完成，避免违规操作，从而有效提高建筑屋面防水工程的作用。基于上述内容，建筑屋面施工过程中应该提高建筑施工人员的施工技术，提高其安全意识和职业素养，并且需要施工人员具有良好的工作责任感，对施工工程认真负责，充分认识到建筑屋面施工对整个建筑物的重要性。与此同时，施工企业管理层应该加强对施工过程的实时监督管理和技术指导，同时加强度施工材料、施工作业、施工技术的监督和指导，以确保防水工程质量能够达到应用标准，有效发挥防水工程应有的作用。

（三）建筑屋面防水工程施工技术的有效应用措施

1.加强对工程施工材料的把控

上文已经提及建筑工程中施工材料对工程质量的重要性，因此选取优质的高标准施工材料可以有效提高工程施工质量，在屋面防水施工的重要环节中，选取高质量的施工材料在降低施工难度的同时，可以减少不必要浪费，减少后续的维护费用，从而降低建筑使用过程中的可变成本。例如在防水要求较高的一级建筑屋面施工过程中，尽量选择柔性材料与刚性材料相结合的防水设计，而对于普通建筑物的屋面防水设计，则在达标的原则性以经济性为目的，选取性价比较高的防水材料。与此同时，在建筑屋面防水施工过程中，要严格把控施工材料的采购和储存，尽量将材料储存于干燥、卫生的环境中，而在取用环节，尽量对建筑物材料进行二次复检，以保证工程材料不会过期变质。在实际施工过程中，应该根据施工环境选择合适的防水材料，充分考虑当地的气候、温度、湿度以及降水，从而有效提高工程施工质量，保障建筑物在工程完成后可以正常使用。比如在屋面不规则部分施工或者在形状较为复杂的屋面进行施工时尽量选择聚氨酯防水材料，因为它可以形成完成的无接缝防水胶膜，从而有效发挥防水工程的作用。

2.防水设计与排水设计相结合

在进行建筑屋面防水工程施工过程中，应该注意排水工程的设计，而非将防水和排水分离。在建筑屋面防水工程设计过程中，应该选用多道设防、复合防水以及防排结合的设计理念，以排为主，以防为辅，从而在排水功能已经完全发挥之后还存在积水之时可以有效发挥防水功能，排水为主、防水为辅的设计思路是当今防水工程设计的重要理念之一。为了实现有效排水，可以将建筑屋面进行划分，在不同排水区将雨水引向不同的排水通道，从而降低排水口的排水负荷，提高排水的效率。

在将排水工程、防水工程有效结合的同时，需要对当地气候条件进行充分考虑，针对降水较多的区域可以提高建筑屋面的坡度，以提高雨水排出速度。同时，需要对防水工程的方案设计进行严格的二次论证，以确保施工方案的可行性，从而减少二次施工的可能性，有效降低施工成本，降低施工难度，提高防水工程的质量。

3. 加强施工管理和后续监管

为了提高施工质量和施工效率，施工企业必须对防水工程的施工过程加强监管，从而使得先前的设计方案得到有效落实，与此同时，施工企业应该建立相关的权责制度，将施工过程中的权力和责任具体落实到负责人，有效提高施工负责人的责任感。除此之外，施工企业应该加强对施工人员的技术培训，提高施工人员的技术水平和安全意识，从而在思想层面提高员工对工程的重视，以思想上的重视促进工程质量的有效提高。在完成施工之后，施工企业应该对防水工程加以后续的追踪监管，对出现问题的工程进行及时的维修，避免因为出现工程质量问题而给用户带来不良体验。

建筑屋面防水工程施工技术要求及工程质量控制措施的合理运用，对于屋面防水工程建设目标实现、施工质量提高至关重要。因此，未来建筑工程建设中应结合屋面防水工程施工要求，选择实际作用效果良好的施工技术完成各项施工工作，并在合理、科学的质量控制措施支持下保持施工中存在问题的高效处理，促使屋面防水施工质量能够达到行业技术规范要求，不断完善建筑工程投入使用后的服务功能。与此同时，选择屋面防水施工技术及制定工程质量控制措施的过程中，应从多个方面进行考虑，保持工程施工的良好经济效益与社会效益，扩大防水施工技术实际应用范围。

第二节　地下防水工程

一、地下防水工程设计

（一）地下防水工程重要性分析

受地质地貌、建筑结构形式、使用性质等影响，地下工程防水本身具有复杂性、特殊性、困难性。防水设计方案的确定、与施工单位的配合，及施工质量管理的科学措施将直接影响地下工程的使用效果、建筑结构稳定性、耐久性及坚固性。在现实生活案例中，地下停车库使用过程中因地下防水工程影响而导致的经济纠纷屡有发生，不仅损害小区业主的经济利益，生活受到影响，同时更影响地下工程本身及相邻建筑的结构安全，造成人力、财力、物质的严重浪费。针对目前这种情况，在现代建筑工程设计中，必须加强对地下工程防水的要求。只有通过科学论证，合理选择防水措施，使用合格防水材料，科学严谨的施工管理，才能达到最理想的防水效果，提高建筑物的使用寿命安全性及经济性。

（二）地下防水工程方案选择

建筑师应充分认识到地下工程防水的重要性和严谨性。因地下工程防水方案直接涉及地下工程防水质量、工程造价、施工工艺和施工周期，在选择地下防水工程方案时，应根据工程所在地区的气候环境等其他因素，综合考虑确定防水工程方案。

（三）地下防水工程防水等级合理确定

确定工程的防水等级是进行防水设计的准则和依据。根据国家现行规范《地下工程防水技术规范》，防水等级分为四级，根据工程的重要性、使用功能、使用年限、水文地质、环境条件、结构形式、施工方法、材料性能以及使用中对防水的要求，按照不同防水等级进行防水设防。防水混凝土加一种或两种其他防水材料（如：防水卷材和防水涂料）是工程防水经常采用的防水形式。

（四）地下防水工程设计原则

地下工程防水的设计及施工应遵循"防、排、截、堵相结合，刚柔相济，因地制宜，综合治理"的原则。在实际设计与施工过程中，对于地下车库建筑工程，"疏、通"的防水原则更为突出。"疏"即为疏导，在有水的地方把水按照人为的设计方向进行疏导，该原则多用于种植屋面对地面渗透水的疏导。"通"即为通畅，在所有防水措施中应确保水流方向通畅，不能出现聚水、堵塞等现象。对于地下工程的不同部位，采用相应的设计原则进行防水设计，选择不同的构造措施意义重大。

（五）地下防水工程材料选择

根据《地下工程防水技术规范》设防要求，选用防水材料不少于两道防水。第一道为防水混凝土，第二道为其他防水材料。选择第二道防水材料时，一是选用国家相关部门经过检验合格的产品；二是选用能够满足工程实际需要的材料；三是尽可能使用新型材料，如新型防水材料和防水涂料。根据实际案例分析，防水卷材"聚乙烯丙纶复合防水材料"有断裂拉伸强度高、耐腐蚀性好、抗弯折性能、柔韧性较好等其他防水材料不具有的优点。该类材料易于弯曲、转角，不仅在管根、雨水口等防水薄弱环节易于施工，同时具有较高抗植物根系穿刺能力。

（五）地下防水工程部位设计

防水层是一个连续且封闭的整体，在设计及施工过程中，不能有空鼓、裂缝等导致渗水漏水的缺陷。在地下工程防水设计中，主要体现在工程基础部位防水、工程墙身部位防水、工程顶板部位防水以及工程构造节点防水。

工程基础部位防水是整个工程的重要部分，是工程的最下部位且为隐蔽工程。因受到外部水的压力较大，须以"防"为主，具体应用中应采用防水材料与混凝土防水板相结合的形式设防。同时，地下车库的施工往往是大开挖形式，基底面积较大，在施工过程中要求防水材料垫层的平整度和洁净度高,要求做好防水材料的铺设、搭接和保护。

工程墙身部位防水要以"防、排、堵"为主,一是采用防水材料与防水混凝土相结合的形式设防;二是在外墙低于基础标高外设置盲沟外排,引导地下水或地表渗水排至设计管网;三是在施工后期结构构件上的施工预留洞位置处,在粘贴防水层前必须进行封堵,以保证防水混凝土的完整性。工程顶板部位防水要以"疏、通、截"为主,以"防"为辅。顶板上的水主要是地表水通过土层渗透至板顶,对于超大面积车库板顶需要进行有组织引导排水。首先是截流地面道路上的水,防止其渗透到地下土层;第二是疏导地面绿化中渗透到地下土层的水,有序引导水流通过截水板、盲沟排放至排水口;第三是通过设备措施对内排水流的合理疏泄。

预埋件、穿墙管、后浇带等,必须采取加强加固措施;三是做好变形缝、施工缝构造节点的细部处理。变形缝的渗漏问题一直是地下工程的通病之一,这就要求工程设计师充分了解结构构造,在处理变形缝防水措施上更加重视,由单一式的防水设计改为复合式防水设计。施工缝的防水设计,在传统设计中通常采用凹缝、凸缝、阶梯缝、钢板(橡胶)止水带,其设计原理就是延长了渗水线路,等于加大了混凝土的厚度,并且是单一式防水模式,不再提倡单独使用。建议在地下工程防水设计中变形缝、施工缝的设计尽量考虑不设或少设置,如确需必要,宜采用工艺较为先进的复合式防水模式。

(六)地下防水工程排水设计

地下防水工程排水在工程最末端结点处,但却属重中之重。尤其遇见地下水位较高的环境,地下工程长期水中侵蚀,同时预防外墙渗进的地下水二次加重的潜在,排水方案更需科学布设。建议结合防排结合的原则,一是通过永久性自动排水系统将渗入室内的水排至集水坑,再通过自动感应水泵设施排至室外管道;二是根据地下工程中的制冷机房、水泵房、水池等有水作业的场所限制和工作面,科学设置地面防水、排水沟,有序汇入集水坑及外排。

二、地下防水施工技术

(一)地下室顶板的防水处理

在进行地下室顶板的防水施工时,首先要对于地下室顶板进行找平处理,具体而言就是通过工具对顶板基础进行清理,将一些松动、空鼓的位置加以处理,确保基层的稳固,然后进行淋水实验,对混凝土自防水薄弱部分进行重点处理。例如在顶板后浇带两侧均匀涂抹防水材料,在顶板漏水部位进行缝隙清理补强并涂抹防水材料等等;对基层处理好后要进行找坡层施工,接下来进行找平;完成了找平施工后进入关键的防水层的施工,以卷材的铺贴为例,卷材的选择一定要满足地下室防水施工的要求(按图纸设计要求进行材料送检,检验合格后方能使用),并且在铺贴前基层应清理干净并均匀配撒防水透层然后进行卷材的铺贴，铺贴时要确保铺贴的均匀牢固，搭接符合规范要求；最后进行保护层的施工，用钢筋细石混凝土进行。如若地下室顶板上部有绿化需求则应进行防根刺处理。

（二）地下室外墙的防水处理

地下室外墙的防水处理主要分为四个步骤，首先是进行防水基层的处理，在施工之前要确保防水基层的完好，在检查的过程中如果发现防水基层出现问题要及时地进行处理，确保外墙结构的光滑完整；其次要对底板防水的甩茬位置进行处理，在一般的工程施工中，施工人员需要将各个连接位置的卷材揭开，然后对揭开位置进行清理以及修补。对于底板防水的甩茬位置处理好以后要及时地刷涂基层处理剂，并弹线留出搭接长度；再次就是进行附加层的处理，一般情况下附加层的宽度控制在 500mm，附加层施工完毕后即可进行大面积的防水施工；最后进行保护层的施工，施工人员首先要对外墙的分段流水进行保护施工，然后进行总体的保护层施工。

（三）地下室底板的防水处理

首先，施工人员需要在垫层上砌筑一道外墙的永久防水保护墙，墙体的厚度通常控制在 240mm，墙上预留防水层以及找平层的厚度，在完成墙体施工以后要及时地进行灰土填埋；其次对于底板的基层表面进行清理，确保其光滑平整；再次进行附加层施工，对于阴阳角、管道根部等部位应做增强处理，施工人员应当对阴角、阳角位置进行修补将其做成圆角，修补完成以后进行附加层的施工，确保该部位的防水性能；再然后进行弹线，在施工中按照卷材宽度预留搭接尺寸，进行弹线时要将卷材搭接处的长度控制在 100mm 以上，然后按照基准线的位置进行卷材铺贴。

三、地下防水施工质量控制

（一）建筑工程地下防水施工质量控制的重要性

建筑工程的地下防水施工难度是比较大的，因此必须严格开展质量控制工作，但实际工作期间，很多企业都没有做好这项工作，主要原因是地下防水施工有较强的隐蔽性，所以经常被监理机构、质检部门忽略。很多施工人员本身没有丰富的施工经验，在开展实际工作时也不能准确认识防水施工的重要作用，各个施工步骤与有关规定、技术要求等都不一致，这便会使建筑工程在使用过程中极易发生渗水或者是漏水问题。建筑工程地下防水施工的质量决定了建筑工程的整体质量以及建筑工程的使用寿命，所以我们要对地下防水施工提出更高的要求，若地下防水施工出现了质量问题，则极易导致渗水问题，甚至还会使建筑工程围护结构中的钢筋被腐蚀，最终使围护结构的质量大大降低，影响其正常功能的发挥，鉴于此，施工企业一定要使用科学、高效的措施来完成地下防水施工的质量控制工作，更好地保证整体工程质量。

（二）建筑工程地下防水施工的质量控制措施

1. 设计阶段的质量控制措施

不断提高地下工程设计方案的科学性、高效性，这样才能从根本上保证建筑工程的整体质量，也就是说，在进行建筑工程的设计工作时，我们就必须严格开展地下防水工程的质量控制工作，建筑工程地下防水施工的质量取决于工程设计方案的高效性、科学性以及可行性，因此，进行建筑工程设计工作时必须严格开展质量控制工作，设计企业要保证地下室的防水性能、抗渗性能和抗渗构造符合有关规定的前提下（安装地下室底板的后浇带时，一般规定其宽度为 0.8m，还要在超过底板 0.2m 的地方设立 3mm 的止水钢板），开展建筑工程地下结构的设计工作，设计工作者在进行设计工作时，必须要保证地下工程排水以及防水工作的质量，可以设立盲沟或者集水坑，这样能使地下水所产生的浮托作用大大减小，还可以借助多道设防的工作方式来提高地下室防水工程的质量，防止由于设计的失误而使建筑的地下防水工程产生薄弱环节，更好地保证建筑工程的整体质量。

2. 施工阶段的质量控制措施

建筑工程防水施工中质量控制工作的重点，希望能更好地促进建筑工程地下防水施工的质量的提高：

（1）保证防水工程地下防水施工中各种原材料的高质量。进行地下防水施工时，最主要的材料是防水混凝土、防水卷材，这些材料的质量对于防水工程的最终质量有很大的影响，所以必须严格地把关防水原材料的质量。质量控制的重点包括材料购买、入场验收、存放及应用等各个环节，更好地保证防水材料的性能符合防水施工的相关规定。

（2）严格开展建筑工程结构施工的质量控制工作。进行混凝土浇筑工作时，常常会出现混凝土裂缝等普发问题，因此施工企业一定要做好多方面的工作以减少这种情况的发生，可采用的施工技术有减小混凝土入模的温度、设置施工缝等，分层浇筑期间还要进行二次振捣工作，以更好地提高混凝土的密实度，防止混凝土浇筑期间出现离析问题，砼凝固前需使用抹浆机来完成地下室地面的磋毛压平工作，避免产生混凝土裂缝。施工企业在结束混凝土的浇筑后还要高效进行保养工作，要科学地控制混凝土的养护时间（地下室底板抗渗砼养护时间通常要超过 14 天）以及养护次数，这样才能更好地保证混凝土养护的质量，还要结合混凝土的实际状况来确定养护及拆模时间。

3. 地下防水施工细部构造的质量控制措施

由于建筑的地下施工是隐蔽性施工，所以在很多施工区域常常出现渗水、漏水等问题，要对这些渗漏多发的位置进行重点控制，以使地下防水施工的质量符合有关规定，满足人们对于地下防水工程质量的要求。

（1）严格开展地下施工缝的质量控制工作。目前，大部分的建筑工程内都不需要留有混凝土施工缝，而是借助连续浇筑成型来保证整体的防水性能，若实际施工要求预留施工缝，就要把受力、形变小的区域作为施工缝的预留位置，还要在完成两侧混凝土浇筑工作后再使用防水混凝土开展预留缝的浇筑工作。另外，地下室外墙的施工缝通常都是超过20cm的底板，且施工缝一般都是水平施工缝，为更好地满足地下室防水施工的标准，必须在预留施工缝时设置一些沉降缝、后浇带处等，技术工作者不能在剪力最大的区域预留施工缝，这能够大大促进建筑工程地下防水施工质量的提高，浇筑后浇带时，可以使用大于地下室底板砼一级的砼完成浇筑工作，要加入水泥总量12%的微膨胀剂。

（2）做好防水工程围护结构的质量控制工作。在建筑地下室的防水工程中，穿墙螺栓部分极易出现质量问题，这便需要我们对其进行特殊操作，以更好地提高防水性能，施工者需要在螺栓的根部砸出大约20mm的漏洞，并用氧炔焰把暴露在空气里的部分切除，然后使用沥青料将防水砂浆的缺口进行密闭抹平操作。

（3）做好穿墙管区域的防水控制工作。在建筑的地下防水施工中，在电气、排水系统及留有的洞口、管道区域也极易出现问题，因此，进行混凝土的浇筑工作时必须要留有套管，并使用止水环来连接外部和混凝土的基础结构，还要使用膨胀止水带来对套管内部和管道实行处理。

在建筑施工中我们必须要做好建筑工程的地下防水工作，这样才能保证建筑工程的整体质量，保证建筑工程正常使用功能的发挥。因此，施工企业必须意识到防水工程质量管理工作的重要作用，建立科学、高效的质量控制制度，这样才能不断提高防水工程的质量，使地下防水工程的质量与有关规定相符。

第三节 防水工程事故及处理方法

近几年，无论是建设单位、设计单位还是施工单位，对防水工程的认识普遍得到了提高，防水质量成了整个单位工程质量控制的重点，从设计、材料认证、施工队伍的选择到施工部做法、成品保护及质量回访都严格把关，慎之又慎。但据目前的调查结果表明，防水质量并不容乐观，屋面、卫生间、地下室的渗漏现象仍时有发生，为了有效防止渗漏，使一些防水质量通病得到更好的预防，本节就一些常见的防水工程质量事故的技术分析与处理方法和大家做一个讨论。

事故1：砖混结构地下室，基础设计为钢筋砼条基或砖放脚刚性条形基础，地质报告显示：地下水位在基础以下，故设计采用防潮处理，在地下室砖砌外墙与地下室地坪分别做防潮处理，外墙防潮层外做500mm宽三七灰土回填，其余原土回填，地坪防潮层上做砼垫层及地下室地平面层。交工后，地下室大面积渗水，造成地下室无法正常使用。

原因分析：目前在人们的意识中有这样一个误区：只要地质报告中地下水位在地下室基础以下，就可不做防水处理，仅进行防潮处理，实际上，地表水是一个不容忽视的重要因素，此处基槽（坑）开挖之后，地脉已被挖断，附近区域的地表水、地下潜水均流向此处，特别是雨季地表水较充沛的时候，水位升高，沿地下室、地坪四周阴角及地坪有裂缝的地方大量渗水。另外一个原因，对三七灰土质量把关不严，三七灰土的质量粗制滥造，70%以上的三七灰土的配比不够，施工质量不过关，给地表水及室外管网的渗水造成了一个有利的渗水通道。

处理办法：这种形式的漏水，一旦发生，很难根治，有的在室外散水处打几个沉井，里面放上自动潜水泵，一旦超过设定水位就开始向外抽水，使水位始终保持在地下室地坪以下1～2m，保证了地下室的正常使用；还有的干脆在地坪及地下室内墙重新加做防水层，内墙防水层超过散水，但毕竟是内防，虽说勉强避免了漏水，但容易引起防水层空鼓，粉刷层开裂，不持久，最有效的根治办法：在设计阶段根据地下水位高低，采用不同等级的防水设计，把防水层设计成封闭的，即地下室地坪及外墙的防水层是连成整体的，是连续的，再加之质量较高的三七灰土回填施工，这样就完全保证了防水效果，使地下室得以正常使用。

事故2：地下室基础采用钢筋砼条形基础，条基上砌基础墙，砌到地坪底标高后进行基础回填，在基础墙上面及回填土上做水泥砂浆找平层，然后在找平层上做防水层，四周预留防水层搭接槎，待地下室结顶，地下室外墙做水泥砂浆找平层后与底板预留接头连接进行立壁防水层施工，交工一年后顺地下室房间外墙各个构造柱处漏水。原因分析：本工程构造柱均生根于条形基础，底板防水层在构造柱处断开了，做立壁防水层时仅从底板防水层标高向下150mm向上施工的构造柱防水层。雨季一到，水位升高，水便顺防水层以下基础墙与构造柱交接处直接渗漏，造成地下室无法使用。

处理方法：事故一出，只能采用补救措施，沿构造柱阳角即地下室内外墙交界处的阴角部位将粉刷层剔掉，高度大约离地下室地坪2m左右，而后采用缓凝型堵漏灵粉刷1mm厚，上面刷聚氨酯防水涂料1mm厚，并采用1∶1.5水泥砂浆做表面保护层，预防措施：在做底板防水层的同时，从基础墙下面向钢筋砼条基延伸150mm向上施工立壁防水层到底板防水层标高，最后施工上部立壁防水层时要和下部立壁防水层搭接不少于150mm。

事故3：常见的屋面做法：钢筋砼屋面板；水泥砂浆找平层；两道沥青玛蹄脂隔气层；水泥珍珠岩保温层；水泥砂浆找平层；SBS卷材防水层；上人屋面墙地砖。排气道采用20～30mm宽，里面嵌填大粒径（炉渣、碎石）松散材料，上口做干硬性水泥砂浆，出气孔采用φ110PVC管36m^{2}一个，按照此种常规做法，交工后屋面起鼓、屋面板渗水现象时有发生。

原因分析：屋面保温层和屋面防水层施工中间停留时间长，屋面保温层的水泥珍珠岩施工未严格按照规范标准，含水率过大，加之中间停留时赶雨季，基本上保温层含水率是饱和的，而气孔、排气道排气效果并不明显，造成防水层起鼓，保温层的水分排不出去顺屋面板薄弱部位向下渗水。

处理方法：排气道加宽，一般取50mm，排气道及出气孔内水泥珍珠岩全部掏空，真正做到纵横贯通、排气通畅、排气道上面采用200mm宽镀锌铁皮覆盖，两边用沥青玛蹄脂粘牢，铁皮上采用 250mm 宽 350 号石油沥青油毡单边黏结，如此处理后，保温层的水分便可顺利排出，保证防水效果，避免了防水层起鼓。以上是目前典型的屋面、地下室渗漏事故。除此之外渗漏现象还有很多，有屋面水落口漏水的，有顺墙部位漏水的，有屋面大面积起鼓后漏水的，有顺变形缝部位漏水的，但究其原因，主要的因素有下面几种：

（1）设计阶段

目前，有的设计人员对材料不了解，因此，设计图纸往往不能根据工程实际情况和规范规定的防水设防等级进行设计，使一些劣质的材料毅然出现在设计蓝图上，前些年 508PVC 柔性防水卷材曾经风靡一时，大概就与此原因密不可分。

（2）材料选购阶段

防水材料定下之后，最重要也是最敏感的大概应属生产厂家的确定，目前 SBS 防水卷材生产厂家遍布全国，除了国家认定的 17 家进口生产线，30 家国产生产线外，其余的生产厂家不计其数，卷材质量参差不齐，价格悬殊也是大得惊人，4mm 厚聚酯胎 1 型 SBS 防水卷材价格高的每平方有 30 多元，低的每平方可达 5 元，企业经营是以营利为目的，价钱如此尚有利可图，其材料质量便可想而知。材料是决定防水质量好坏的前提，没有好的材料，就不可能保证有好的防水层质量，因此选择材料关一定要把好，不要为了一己之私，视质量如儿戏。

（3）施工阶段

材料再好，施工不好也是枉然，目前施工中存在的最大问题是细部处理问题，漏水部位大多在细部，如水落口、管根等，因此施工方案要严格按规范要求制定，施工中要一步一验，层层把关，比如冷底油喷完后应要求先进行附加层施工，附加层验收合格方可大面积施工，大多数工程忽略了附加层，使防水工程少了一道防线，再如：出屋面管道上口的抱箍及密封，压毡槽内的卷材钢钉固定及密封，SBS 卷材封口前的出油情况等，都在经过一一检查，防水层施工前，保温层的含水率问题，排气道、出气孔的留设问题，是否都经过周密考虑，预防为主，精心施工，这才是施工的原则。

（4）成品保护

土建搞土建的、防水搞防水的，水电安装的该打洞时就打洞，当前，这种情况时有发生，防水层损坏现象较多，工程是大家的，每道工序的施工都要对上道工序的成品做好保护，防水层施工完好要及时做蓄水试验，蓄水后做交接验收，保证达到不渗不漏。要加强责任心，严格按照《屋面工程质量验收规范》、《地下防水工程质量验收规范》的质量验收规范及防水施工方案施工，以选材为基础，设计为前提，施工为关键，加强管理和维护来保证。只有严把质量关，精心设计，精心施工，才能保证防水工程的质量。

第九章　装饰工程

第一节　抹灰工程

抹灰工程主要为建筑施工中利用灰浆进行地面、墙面、外表、顶棚等的施工，依照不同种类和位置划分为建筑内与建筑外抹灰。抹灰工程技术依据不同的应用要求、流程与质量会有不同的技术特点。随着建筑施工技术的发展，建筑材料和装饰标准有所变化，对抹灰技术的要求愈加严格和丰富。只有将抹灰技术更好地应用到建筑施工中，才能保证建筑的美观和质量，促进建筑施工的顺利发展和装饰技术水平的提高。

一、抹灰工程技术概述

（一）抹灰工程技术概念

抹灰工程主要为建筑施工中利用灰浆进行地面、墙面、外表、顶棚等的施工，依照不同种类和位置划分为建筑内与建筑外抹灰。抹灰工程依照面层的材质与制造方式能够分成一般抹灰和装饰抹灰。抹灰工程技术依据不同的应用要求、流程与质量会有不同的技术特点。

（二）抹灰工程技术特点

不同的抹灰类型具有不同的特点。一般抹灰主要分为普通、中级和高级抹灰。普通抹灰为一层底层与面层组成，制造方式为分层平整和压光。一般抹灰主要利用砂浆（石灰、水泥、混合砂浆等）、玻纤麻刀灰、石膏灰等材料，其主要应用在简便式建筑、大面积及非居住用建筑中，同样适用于地下存储室等等；中级抹灰的组成部分为一层底层、中层与面层。制造方式主要为阳角找方，设定标筋、平整、压光等。其通常应用在普通居住房间、公共房屋与高等装饰的房屋中（学校、居民区、宿舍、商务楼等）；高级抹灰组成部分为一层底层、面层及多层中层，制造方式为找方（阴阳角），设计标筋，平整和压光。其主要应用在面积较大的公共房屋、特殊用途的房屋等（如博览馆、图书馆、商场、酒店等等）。而装饰抹灰主要为水刷石、干粘石、弹涂、水磨石、滚涂、斩假石、喷涂等，通常使用水泥（多颜色）、白水泥、石粒等材料。

二、建筑施工中的抹灰工程技术

（一）混凝土面基层的抹灰工程技术

在基层处理方面，如果混凝土的外表比较平整，则需要将外表变得"粗糙"（实行毛化处理），涂抹水泥浆（可用胶素801），水的体积应为胶的4倍；在吊垂直、套房方法方面，需要在不同的地方（如门窗口角、墙垛、表面等）进行吊垂直，并且套方抹灰，在抹灰饼完成充筋时，需要设置灰层控制线到墙面上。同时紧跟抹按照40%的比例涂抹砂浆（水泥质地），保证涂抹层厚为6mm左右，且分层和充筋保持平整，将墙面磨平（可利用找直、大杠刮平的方法）；在抹面层砂浆方面，此环节应在底层砂浆涂抹完成后进行，第一均匀向墙面喷水保持其湿润，并开始涂抹（涂抹层厚为5mm左右），并在涂抹开始前涂轻薄的素水泥膏，增加紧实度，并且做平整、压光处理。最后利用质地不硬的刷子浸入水中，并与地面呈90°刷抹，使得墙面颜色均匀，防止并降低裂纹的出现；在水槽方面，对不同的区域（如阳台、窗户、雨篷、压顶、檐口等）进行防水设计，保证其有一定的倾斜度，能够让水顺势流走，并且在底下设置水槽，其倾斜度和水槽到外表的距离为 R ＜ 40mm；对于混凝土应进行喷水养护，主要针对水泥砂浆抹灰的那一层。

（二）砂墙面层面的抹灰工程技术

基层处理方面，应全面铲除墙上的存留的砂浆和污渍，采用水浇的方法，全面清理墙面，保证墙体有水；同样利用吊垂直和套方方式进行抹灰；在充筋方面，水温在30°左右时可以将水泥砂浆混合，最好保证水为泥的2倍，砂浆为泥的3倍，保证分层抹灰，对其平整处理，利用木抹子去毛，凝固后浇水；对于水槽方面与混凝土相同；在下雨时需要采取避雨技术，避免抹灰层造成损坏。

（三）加气混凝土基层的抹灰工程技术

其主要的技术流程为：基层处理、浸润、充筋贴灰、抹踢脚板、抹门窗口角、底层抹灰、修筑水槽、抹灰、喷防裂漆等。基层处理方面，应全面检查基层，并即时固定不稳定的梁板、缝隙等，可以利用胶灰浆填充。对于不在墙面上的灰清理掉，使得墙面无凸起。在不有凹陷的地方应进行修理，并且保证缝隙、洞槽等填满。采用拖线板对墙面的角度和标准差距以及平整程度进行核实，及时弥补误差；在墙体湿润方面，应首先把墙体杂质清理，多次浸湿。不同的材质其对水分的吸收程度不同，因此需要多次进行浸湿，让抹灰层更好地凝固，防止混凝土过多地吸收水分。最好保证浇水的厚度不超过9mm，并且需要将抹灰放在浇水之后的第二天。在风较大的时候，需要随时注意墙体的湿润度，保证砂浆结实后再进行抹灰，防止鼓泡、开裂现象发生；充筋方面，利用拖线板对墙体的质量进行检查，对各项指标（平整和垂直角度）进行核实，注意充筋多少随着墙体高度变化。通常保证墙体高度为180cm。将水泥石灰和砂浆按照5：8的比例混合，制造出长宽高各1m的灰饼，让顶端和低端的灰饼同时存在与一个平面中；踢脚板的抹灰方面，先刷胶在踢脚板上，并涂抹混合砂浆（保证厚度在 5mm），此程序需要重复一次，第二次时应注意充筋去毛。中层灰砂浆干一半程度时，采用混合砂浆抹灰，利用尺对伤口切割。抹灰后，保证突显出的墙面灰层为 6mm。

三、抹灰工程施工常见问题及质量控制

（一）质量监管部门正确行使职权

建筑抹灰工程施工质量控制有着重要的作用，在抹灰工程进行之前监理工程师、政府建设主管的质量监督部门应该验收合格。在验收合格之后还要在抹灰前督促承包商单位做好检查很修正工作，检查门窗位置是否正确，过梁、梁垫以及圈架等部位时候平整。总之，监督管理者要督促承包商检查各部分是否正确，在确保无误之后，这样才能进行抹灰工程施工。同时，施工材料的采购也是质量监督管理的重要部分。工作人员要在材料进场时进行验收，并且查看材料的验收报告，检查材料的色泽、质量合格证。在得到建立部门的认可下，允许材料进入施工现场。

（二）墙体与门窗交接处施工质量控制

在抹灰工程施工中一般常见的通病就是墙体与门窗处抹灰层空鼓、裂缝脱落等，针对这部分的施工问题，工作人员在抹灰施工前可以先洒水。如果是砖墙应该浇两次水，这主要是由于砖墙的吸收性很强；而混凝土墙只需要浇水一次即可。在施工时，如果发现底灰干透了，可以在抹灰前浇水湿润。在抹灰中，施工人员要注意墙面上明显凸出的部分，一定要确保抹灰层的平整度。而且墙面也不能太过光滑，一般太光滑的部分应该凿毛。最后，尤其要注重不同基层交汇处应钉钢板网，每边搭接长度一般在 100mm 以上。如果在门窗处发现漏洞，可以用木桩夯实。在整个墙面平整的情况下，施工质量会得到一定的控制。

（三）墙面抹灰层质量控制

墙面抹灰层的主要问题也是空鼓和裂缝，这种现象产生的主要原因就是抹灰时施工顺利和养护方法不对，导致墙面空鼓和裂缝。这种问题主要控制方法就是在施工前也需要洒水。同样针对不同的墙体建设材质，采用不同的浇水方式。砖墙仍然是施水两次，混凝土墙施水一次。在施工前，如果发现底灰干涸，可以浇水湿润。其次，工作人员要检查使用材料的保水性，一般施工所用的砂浆保水性能差。因此，浇水工作一定要及时。抹灰时一定要按照一定的顺序，一般要分层施工抹灰。分层抹灰时，第一次抹灰可以比较粗略，但是第二次抹灰必须要平整。最后，工作人员要科学合理的配合抹灰工程施工材料。切忌不能将水泥砂浆、混合砂浆以及石灰膏等混合在一起，这样会导致抹灰施工问题。

（四）面层质量控制

面层抹灰施工中常见的问题就是面层起泡、开花，或者是有抹纹等，这些问题是施工时工作人员没有确保抹灰层的平整度，导致抹灰面层出现这种问题。针对这种质量控制的问题主要是通过压光，在砂浆收水后，即将要凝结时，可以对其进行压光。如果底灰太干还是需要浇水湿润，先在面层上刷一层薄薄的纯水泥浆，再进行罩面。罩面前如果发现面层太干，而不易压光时，应该浇水后再压光。

（五）外墙抹灰质量控制

一般外墙抹灰常见的问题是抹灰接搓位置没有处理好，并且外墙抹灰色泽也不够均匀，抹灰纹理比较明显，这种问题也是比较常见的问题。在施工时，工作人员要在施工时把接搓位置留在分格条处或阴阳角、水落管等处。并且在操作时，一定要注意平整，尽量避免高低不平、色泽不等的现象。为了有效防止抹灰中的抹纹，工作人员在室外水泥砂浆墙面应做成毛面。用木抹子搓毛面时，要均匀用力，轻重一致。先用圆圈形搓抹，然后上下抽拉。抽拉的方向应该保持向一个方向，这样就能很好地避免抹灰墙面出现抹纹。建筑抹灰工程施工技术和质量控制是一项比较细致性的工作，要求工作人员要认真细心的开展工作，确保抹灰层施工的质量。

对于抹灰工程技术在建筑施工中的应用，应加强对质量的控制，保证施工抹灰质量。通过对墙面抹灰层、墙体和门窗框对接施工、面层抹灰施工、外墙抹灰等过程严格监督和检查，并且严格遵守工程技术施工标准。无论承包商、市工商都应该具备责任感，保证材料质量和施工技术水平。具体的如砂浆的强度、易性是否符合规定，砂浆、水泥和石灰材料质量都需要严格检查，保证底层、基层和不同抹灰层都要结实稳定，避免掉皮、开裂、纹路的现象发生。定期检查验收并记载，全程实施记录。

抹灰工程技术不仅影响着建筑的外观，还在很大程度上影响建筑的质量。不同的抹灰材料和环节对抹灰技术的要求不同，针对混凝土基层、砂墙面基层和加气混凝土基层的抹灰技术进行分析，更好地将抹灰技术应用到建筑施工中，防止墙面抹灰层的开裂、抹灰外表凹凸不平、墙面与地面不呈90°、墙面和门窗框对接部位空鼓、抹灰墙面颜色不匀等现象的出现，提高抹灰工程技术水平。

第二节 饰面工程

建筑饰面工程是装修工程的重点之一，其主要通过加工原材料、人工制作马赛克等材料、和谐建筑物室内的墙面等手段，达到美化室内环境的目的。建筑饰面工程外观和功能的选择对其质量有直接的影响，且对于不同的饰面位置有着不同的影响。下面全面、作详细的论述建筑施工过程中所涉及的饰面工程。

一、房屋建筑装饰饰面施工工艺

（一）抹灰饰面施工工艺

石膏板是建筑装修过程中最常见的材料之一。应在砖砌体抹灰中运用清水混凝土施工工艺，且需要综合考虑以下四个方面：

①确保砖砌体的平整度。在粘贴墙面砖时，应采用水质指标测量砖砌体的砌筑质量。

②在配制抹灰砂浆时，禁止使用石灰砂浆，这样能有效提高砂浆质量。

③多使用粉刷用的石膏浆。该材料具有相对完善的干燥块，且具有黏结牢固度高、成本低等优点。

④选择科学、合理的罩面灰。在抹灰前，必须清扫干净墙面，并浇水润湿。

大墙面的四角、门窗口边弹线找规矩时，必须由顶层至底层一次性完成，且弹出垂直线，并确定面砖出墙的尺寸，分层设点、做灰饼。横线应以楼层水平基线为交圈控制，竖向线则以四周大角、通天垛和柱子为基准线控制。每层打底时应以灰饼作为基准点进行冲筋，以使底层灰横平竖直。同时，要确定好突出槽目、腰线、窗台、雨篷等饰面的流水坡度。

（二）涂料饰面施工工艺

1. 涂料饰面施工的原理和种类

涂料饰面施工工艺的实质是将不同的涂料涂抹在建筑体表面，逐渐形成一种完整、牢固的保护膜，从而达到保护墙面和增强室内美观度的目的。它是饰面装饰中较为常见的施工工艺，根据涂料使用的效果可将其可分为两大类：

①低档水溶性材料。在能溶于水的高分子材料中，应根据工艺的需要加入不同的辅助材料。在实际施工过程中，要权衡各方面的影响因素，进而确定内墙材料的种类，并将成本低、效果好、绿色环保作为选择材料的标准。

②乳胶漆。它产生的成膜物不能在水中溶解，与上述高分子材料相比，具有耐水性和耐温性，且在湿擦洗后不会留下痕迹。乳胶漆的特点是覆盖广、色泽柔和、施工难度低、耐用性强和易于清洗等。除上述2种常用材料外，还有多彩材料和仿瓷材料。

2. 施工中常见问题的处理方法

涂料面施工中会出现很多问题，因此，应具备一套高效的处理方法。具体方法分为以下两方面：

①基层处理。如果基层的平整度较差，则会给基层水泥砂浆的抹灰质量带来不利影响，进而会降低室内装饰的美观度。即使水泥砂浆与基层的黏结很牢固，但因受到面积扩大的影响，也很容易出现不同形式的墙体裂隙。

②污染处理。房屋建筑装饰饰面的施工过程中，一定要注意饰面与环境的和谐，但在涂料面施工中难免会释放出有害物质。因此，要尽可能降涂料面施工的污染程度。

（三）贴面饰面施工工艺

1.贴面饰面的施工原理和特点

通过使用不同类型的人工材料，比如天然石等，并使用一定的方法，将装饰单板材料直接黏贴在装饰基地上的施工工艺叫作贴面饰面。这是与其他饰面工程完全不同的一种施工方法，它的优势包括耐用性高、施工方便、施工效率高和成本低。

2.贴面饰面的施工工艺流程

贴面饰面的施工中应注意以下三方面：

①必须清洁需要进行贴面施工的基层面，且在施工前用水浇湿基层。在混凝土墙面上进行贴面施工的过程中，要保证墙面的平整度，任何不平整的地方都要加以处理。在各方面条件因素允许的情况下，可以使用水泥砂浆进行拉毛处理，以促使基层变得平整。

②在贴面处理开始之前，必须设置标准点，从而确保贴面表面的平整度。操作期间，要严格按照相应的操作规范执行，尤其要重视各个不同的环节，任何微小的问题都要解决。

③在粘贴瓷砖等贴面材料之前，应对其进行浸泡处理，等瓷砖在水中完全不冒泡后，拿出晒干。当贴面施工完成后，需要使用专业器具对贴面表面进行擦拭处理，并使用白水泥浆对贴面缝隙进行勾缝处理，已完善整个贴面的外观。

（四）裱糊类饰面的施工工艺

1.裱糊类饰面的施工原理和优势

裱糊类饰面的施工是利用不同材质、类型的卷材，直接采用裱糊的方式将其与墙面结合。利用该方法能够有效地提升室内的美观度，该类型施工最常使用的卷材是壁纸材料。与其他类型的装饰工艺相比，该工艺具备环保性、资源再生性，且该饰面装饰形式是我国当前发展最为迅速的饰面施工工艺。

2.裱糊类饰面的施工工艺流程

裱糊类饰面施工工艺的施工要求较低，只要基面平整就能采用此方法。施工中应注意以下三方面：

①在施工前，应在墙面刷一层清油，从而降低基层的吸水速度。

②等清油晾干后，应在基面上确定壁纸基准。

③在裱糊完成后，如果发现有鼓包现象，则应用针扎破鼓包，将气体排出后刮平。

二、铺钉类板材饰面

板材饰面是利用天然板条或人造薄板，并借助钉子、胶水等固定的饰面做法。板材饰面的质地结实、手感良好、纹理变化多，是居室墙面装饰的理想材料。由于木材资源紧张，导致使用实木板的板材饰面越来越少，目前，多用各种人造板材、塑料贴面板和微薄木贴面板等。板材墙面装修可分用两种形式：

①墙面钉木龙骨。龙骨采用断面尺寸为 50mm×25mm 的木条，木龙骨的间距为450mm。如果竖向铺贴表面板材，则龙骨应横向设置；如果横向铺贴表面板材，则龙骨应竖向设置。一般情况下，可直接用钢钉将龙骨在钉在墙上；如果无法采用此种方式，则应在墙面上按龙骨的间距打洞，并利用水泥砂浆将木砖固定后，再把龙骨钉在木砖上。

②使用黏合剂直接粘贴饰面板材。

三、春、夏季施工的注意事项

（一）夏季施工

在夏季铺贴室外饰面板、饰面砖时，应采取防暴晒措施。特别要注意遮阳保护、防火卷帘的安设、洒水养护和保持湿润等方面。

（二）冬季施工

一般只在冬季的初期施工，严寒阶段不得施工。砂浆的温度不得低于 5℃，且在砂浆硬化前应采取防冻措施；对于用冻结法砌筑的墙体，应待其解冻后再抹灰；砂浆在硬化初期不得受冻，气温低于 5℃时，禁止外墙砖施工。

四、饰面的施工质量控制

（一）空鼓、脱落。在冬天的时候，由于温度低，灰浆很容易结冰，而且温度稍高后，很容易脱落。为了防止这种情况发生，要注意保持室外的温度，避免冬季施工。基本的表面偏差较大，地基处理或施工不当，造成层间的黏附强度不够，容易导致表层空鼓或脱落。砂浆比例不符合标准，一致性控制不好，砂含泥量过大，产生不同程度的干燥收缩，随后也会出现空鼓现象。因此在施工过程况进行选购。因现浇楼板的厚度都不太大，楼板发生裂缝的主要原因就是混凝土的收缩变形因素。在选择水泥时，应尽量选择收缩性能较小的水泥。

（二）在保证混凝土设计强度的前提下，尽可能减小单方水泥用量，尽可能选用较低标号的水泥配制楼板混凝土。粗细骨料应选择级配良好且最大粒径尽可能大的骨料。如在满足泵送混凝土的前提下，选用粒径较大的石灰岩碎石，细度模数 M=2.83.0 左右的中砂。这样不仅可以减少混凝土的收缩，而且可以减少用水量和水泥用量。

（三）外加剂的存在也能够有效地降低现浇混凝土楼板出现裂缝的几率，但是对于外加剂的添加量也要提前进行试验，除此之外，早强剂这种外加剂虽然能够降低混凝土楼板的裂缝，但是不建议使用。

（四）规范施工工序。施工工序的规范施工质量管理的重要一环，通常可以建立以工班长为责任人的施工质量管理小组，使得每一步施工工序都有工班长的确保。同时对于施工人员，在施工之前确保对其进行技术交底，交底内容一般包括：施工流程、施工标注等。

确保施工员能够理解施工图纸所要求的工作。

首先，工程现场的技术人员应认真审查工程结构设计图纸，将温度等方面的影响适当放大；其次，施工技术人员应加强对钢筋工程的隐蔽验收；最后，必须安排专门的护筋人员，以免上层负筋被踩压下沉。预埋线管铺设应有可靠合理的固定措施，使之从板件中部穿越；避免在同一位置布置多条管线，严禁在现浇混凝土未达到设计强度之前拆模。

在市场经济的背景下，人们对生活质量的要求日益提高，对周边生活环境的要求也在不断提高。饰面工程是一种可以有效改善居住环境的方法，不仅可以体现审美情趣，也可以改善人们的居住环境。但目前饰面工程的施工工艺比较复杂，在施工过程中会受到各种因素的影响。因此，为了使建筑装饰饰面工程技术可以得到创新，就需要我们对其不断地深入研究。

第三节 涂料与裱糊工程

随着社会经济的高速发展，人们对居住环境的要求也越来越高，住房的装饰也引起了人们的普遍重视。涂料、裱糊工程具有美化家居环境的重要作用，在装饰工程中得到了广泛应用。

一、涂料工程

（一）涂料的组成与分类

1.涂料的组成

建筑涂料一般由成膜基料、分散介质、填料等成分组成。

2.涂料的分类

按成膜物质不同，可分为有机涂料、无机涂料和复合涂料；其中有机涂料又分为溶剂型、水溶性和乳液涂料。按涂层质感不同可分为薄质涂料、厚质涂料、复层涂料和多彩涂料等。按用途不同可分为外墙涂料、内墙涂料、底板涂料和顶棚涂料等。

（二）涂料工程施工

1.基层处理

不同的基层，其处理方法也不相同。对于木材面，应清除钉子、油污等，除去松动节疤，裂缝和凹陷处均应用腻子补平，含水率不宜大于12%。对于金属面，应清除油污、锈面、鳞皮、焊渣、毛刺和旧涂层等，表面应平整。对于金属表面的锈层可用人工打磨、机械喷砂、喷丸（直径为0.2~1mm的铁丸或钢丸）或化学除锈法清除；对于焊渣和毛刺可用砂轮机去除。

对于混凝土和抹灰层，基层应平整、洁净、干燥，阴、阳角密实，不得有起皮、松散等缺陷，缝隙和小孔洞等应用腻子补平。施用溶剂型涂料的基层含水率应不大于8%，施用水溶型涂料的基层应不大于10%。新建工程的混凝土或抹灰基层在涂饰涂料前应涂刷抗碱封闭底漆，旧墙面在涂饰涂料前应清除疏松的旧装修层并涂刷界面剂。

2. 刮腻子

腻子是由涂料、填料、水或松香水等拌制成的膏状物。刮基层腻子应平整坚实、牢固，无粉化起皮和裂缝，待其干燥后用砂纸打磨。所用腻子应按基层和涂料的性质配套选用，厨房、卫生间墙面必须使用耐水腻子。

3. 施工方法

涂料工程的施工方法主要有刷涂、滚涂、喷涂、弹涂等。工程中应根据涂料的性能和现有设备选定。一般涂料工程施工时环境温度不宜低于10℃；当遇有大风、雨、雾情况时，不可施工。

（三）涂料工程质量要求

水性涂料涂饰工程所用材料的品种、型号和性能、颜色和图案要符合设计要求；水性涂料涂饰工程应涂饰均匀、黏结牢固、不得漏涂透底、起皮和掉粉。溶剂性涂料涂饰工程所用涂料的品种、型号和性能、颜色、光泽、图案要符合设计要求；溶剂性涂料涂饰工程应涂饰均匀、黏结牢固，不得漏涂透底、起皮和反锈。

二、裱糊工程

（一）壁纸与墙布分类

1. 壁纸的分类

常见的有普通壁纸、发泡壁纸（浮雕壁纸）、麻草壁纸、纺织纤维壁纸（花色线壁纸）、特种壁纸等。

2. 墙布的分类

常见的有玻璃纤维墙布、纯棉装饰墙布、化纤装饰墙布、无纺墙布等。

（二）裱糊工程施工

施工原则是先裱糊顶棚后裱糊墙面，具体施工工艺流程如下。

1. 基层处理

裱糊工程基层应坚实、洁净、干燥；表面应平整光洁，颜色一致，无疏松、砂粒、孔洞、麻点和飞刺；接缝应平整，不显接槎，不露钉头，钉眼应用油性腻子填平。混凝土和抹灰基层的含水率不得大于8%，木基层的含水率不得大于12%。混凝土和抹灰面：基层修正、清理后，满刮1~2道腻子，干燥后用砂纸磨平、磨光；泛碱部位宜使用9%的稀醋酸中和、清洗。木材和石膏板面：基层的接缝、钉眼宜用腻子嵌缝、填平，用砂纸磨平；或粘贴玻璃网格布、丝绸条、绢条等，然后局部刮腻子补平。腻子刮完后应做基层封闭处理，涂刷封底涂料或底胶不少于两遍。

2. 弹线

裱糊施工前应先在基层上弹线分格，弹线一般从阴角开始按照壁纸的尺寸进行分块弹线控制，应注意在阳角处不得留接缝。

3. 裁纸

根据弹线找规矩的实际尺寸统一规划裁纸，并编号，以便施工时按顺序粘贴。裁纸时壁纸一般以上口为准，下口可比规定尺寸略长 10 ~ 20mm；墙布一般比规定尺寸略长 50 ~ 150mm。若为带花饰的壁纸（墙布），应将上口的花饰对好，小心裁割，不得错位。

4. 润纸、刷胶

壁纸的品种较多，性能也各不相同，施工中应根据其特点进行润纸和刷胶。由于墙布无吸水膨胀的特点，故不需要预先用水湿润。黏接时应选用黏接强度较高的胶黏剂，裱糊前应在基层表面涂胶，墙布背面一般不涂胶（纯棉装饰墙布除外）。

5. 壁纸、墙布裱糊

墙面裱糊先垂直面后水平面，先细部后大面，先保证垂直后对花拼缝。垂直面是先上后下，先长墙面后短墙面；水平面是先高后低。裱糊方法：一般有搭接法、拼接法和推贴法等裱糊方法。

6. 饰面修整

饰面裱糊后应认真检查，如有翘边、翘角、气泡、皱折及胶痕未擦净等现象，应及时处理和修整。如接缝处刷胶少，局部漏胶，边缝没压实，应及时刷胶辊压修补好；如有空鼓、成泡，可用注射器将泡刺破并注入胶液，用辊压实。

（三）质量要求

裱糊工程所用壁纸和墙布的种类、规格、图案、颜色和燃烧性能等级必须符合设计要求及国家现行标准的有关规定。基层处理要符合规范。裱糊后各幅拼接应横平竖直，拼接处花纹、图案应吻合、色泽一致，不离缝，不搭接，不显拼缝。

第四节　新型的装饰材料

一、新型装饰材料发展现状

建筑装饰材料种类很多，现阶段我国新型装饰材料还不能够满足人们对建筑装饰材料的需求。

（一）新型装饰材料的主要种类

装饰材料品种多，分类方法也不同，实际使用中常按建筑物的装饰部位对装饰材料分类。新型装饰材料可分为四类：

1.地面装饰材料

应具备安全性、耐久性、舒适性、装饰性。常用的有木地板、石材、陶瓷地砖、陶瓷锦砖，地面涂料，塑料地毯等。

2.吊顶装饰材料

不同功能的建筑和建筑空间对吊顶材料的要求不一致。吊顶装饰材料有纸面石膏板、纸面石膏装饰吸声板、石膏装饰吸声板、聚氯乙烯塑料天花板等。

3.内墙装饰材料

它兼顾装饰室内空间、满足使用要求和保护结构等多种功能。常用的有内墙涂料类，裱糊类，饰面石材，釉面砖，刷浆类材料，内墙饰面板等。

4.外墙装饰材料

外墙装饰的目的在于提高墙体的抗自然风化能力，并与墙结构一起共同满足保温、隔声、防水、美化等功能要求。常用的外墙装饰材料有外墙涂料类，陶瓷类装饰材料，建筑装饰石材，玻璃制品，金属装饰板材等。

（二）生态化装饰材料的发展现状

大量研究表明，除人类活动影响外，造成室内空气污染的主要因素是通风不良和建筑材料及装饰装修材料和家具等散发的有害气体。其中装饰装修材料是一种较大的污染源。现在生态化、环保性装饰材料的应用日益广泛。这些生态环保材料包括：以植物为原料的可再生环保材料；以无用或废弃资源为原料的生态装饰材料。我国现阶段正在大力发展此类生态化装饰材料，但实际使用率并不高，主要原因是其环保性能还不能达标。

二、新型装饰材料特点

（一）新概念装饰材料成主流的发展特点

随着社会的进步、经济的发展，人们除了在装饰装修材料上注重"绿色"、"环保"与可持续发展之外，对装饰装修材料本身的特性也有了更高的要求，新概念装饰材料已经渐渐成为装饰材料的主流。所谓新概念装饰材料，就是改变原来的冷面孔，在设计开发中更多体现出以人为本的观念，体现出更大的亲和力，将方便、实用和自然、协调统一起来，以人的需求和健康为主要标准，使人们有高品质的生活。

（二）新型装饰材料可持续发展特点

可持续发展作为一种观念，已经渗透到各行各业。这种探索也表现在新型装饰材料领域。与此同时，新型装饰材料发展由传统模式向生态模式转变，对装饰材料的评价也从传统的方式向生态可持续发展转变。新型装饰材料的发展还涉及适宜技术的运用，包括高效率、高技术等。依据具体情况，新型装饰材料发展是对多种技术加以综合利用，力求综合社会、经济、环境效益于一身，寻求最适宜的途径。而新型装饰材料向生态环保发展时在注重实用的同时，更加注重材料的环保和可持续发展特点。

三、新形势下对新型装饰材料的要求

（一）生态环境对未来装饰材料发展的要求

装饰材料业的发展改善了人类生存和居住的环境，但也要求人类的活动能维持地球生态平衡。然而，近几十年来全球正面临着越来越严重的环境危机。第一个问题是水资源短缺和水体污染。这些问题要求现代装饰材料的生产、使用和新产品的开发，都应该是节水的、不污染水源的、不产生城市垃圾，同时也能在生产和使用装饰材料同时，处理城市垃圾及工业垃圾。

第二个问题是大气污染和土地流失及破坏。这些问题要求现代建材的生产、使用和新产品的开发，都应该是不用或少用土壤做原料，少排放二氧化碳等温室气体的节能型建材产品，不使用能使臭氧分解的含氯氟烃类的产品。

第三个问题是日益减少的森林。森林是"地球之肺"，它能调节气候，蓄积水源，减少土壤流失，而且还是大量生物的栖息地，是地球生态循环中的重要一环。这些问题要求现代建材的生产、使用和新产品的开发，都应该考虑保护各类生态建设工程地区的树林，禁止使用天然林及天然珍贵树种为装饰材料。

（二）高性能建筑物对装饰材料的要求

近年来国内外提出的"节能建筑"、"智能建筑"、"生态建筑"和"住宅产业化"，都需要高性能的建筑装饰材料。高性能建筑装饰材料是改进建筑物功能，提高人们生活水平和改善城市公共环境的方向、也是建材产品发展研究的重点。科学技术的迅速发展，新材料尤其纳米技术改性材料、生物工程等方面将有重大突破，这将为高性能建筑材料的发展提供技术基础。随着"节能建筑"要求的提出和要求的不断提高，普通的砖、砌块、玻璃门窗就难以满足。如采用外保温方式，要考虑外保温材料结构长期使用的安全问题和较高的成本；如采用内保温的方式，除减少使用面积外，还应满足有关消防和室内装饰的要求，这些因素都是新材料的基本要求。

（三）发展新型装饰材料是可持续发展战略的要求

发展新型建筑及装饰材料关系到我国可持续发展战略的实施，同时也关系到新型装饰材料的健康发展。建筑业的进步不仅要求建筑物的质量、功能要完善，而且要求其美观且不损害人体健康等。这就要求发展多功能和环保型的新型装饰材料及制品。使用新型装饰材料及制品，可以显著改善建筑物的功能，增加建筑物的使用面积，提高抗震能力，并使用更多可循环利用资源为原料生产新型装饰材料。这些都是实现新型装饰材料可持续发展战略的要求。

四、新型装饰材料发展方向

（一）装饰材料总的发展趋势

从建筑装饰材料本身特性的发展历史来看，呈现如下趋势：从单功能向多功能、从现场制作向预制品安装、从低级向高级发展的趋势。装饰材料首先是要具有一定的装饰效果，还要具其他功能，如内墙装饰材料兼具绝热功能，地面装饰材料兼具隔声功能，顶棚装饰材料兼具吸声功能等。至于复合墙体材料，除应有的装饰效果外，常兼具耐风化、保温绝热、隔声性等功能。过去装饰工程大多为现场湿作业，现在室内墙面大多采用墙纸，室内顶棚的装饰板也都为预制品，施工对只要把它们安装在主龙骨的吊架上就行。这样施工方便、劳动强度小、所用时间短而且经济，非常实用。从总的趋势来说，建筑装饰材料已经从从前的单功能、湿作业向着多功能、预制品、机械化、甚至智能化方向发展。高科技装饰材料已经蓬勃发展起来了，装饰材料从低级向高级发展是总趋势。

（二）近期新型建筑装饰材料发展展望

随着国民经济稳定发展和建筑业需求持续增长，新型装饰材料将继续成为我国"十一五"期间重点发展行业。生态化环保材料将是主导产品，新型装饰材料将是室内装饰材料的发展重点。

装饰装修材料发展的重点也包括节能型塑料门窗、塑料管材管件和高性能外墙涂料。塑料门窗的发展重点是充分发挥现有生产能力，提高产品的整体质量和节能效果，进一步做好推广应用工作。建筑涂料的发展重点是质感丰富、保色性好、耐候、耐污染的中高档外墙涂料，环保型的内墙乳胶漆。新型防水材料重点发展改性沥青油毡，积极发展高分子防水卷材，适当发展防水涂料，努力开发密封材料。防水涂料重点发展聚氨酯、丙烯酸酯水乳型防水涂料和高固体分橡胶改性沥青防水涂料。积极发展高分子保温绝热材料，根据建筑节能设计对材料的需求，加强保温材料建筑应用技术和配套技术的研究。

（三）生态环保装饰材料将是长期发展方向

现在建筑主体以混凝土和黏土砖为主，室内的装饰也以陶瓷、涂料、壁纸、木质复合板材等为主，且楼层越来越高。现在所使用的装饰材料运输成本高、能耗高，污染高，且过于讲究表现效果，没有体现环保要求。未来我们将发展生态化环保装饰材料，要求其生产过程和生产原料对环境没有负面影响，且用在室内装修时对人们的身心健康没有损害。

1.大力发展可再生资源的利用

改善、消除室内环境空气污染的有效途径就是大力发展各种绿色建筑装饰材料及其制品，应重点抓好以下产品的发展：

（1）低毒、无毒、低污染的建筑涂料。另外建筑涂料的水性化是21世纪建筑涂料发展的必然方向。

（2）发展无毒、无污染、无异味的墙纸、壁布。

（3）发展抗菌、除臭建筑装饰材料，包括卫生陶瓷和釉面砖、墙面涂料等。

2.发展绿色人造板材

目前我国生产的各种木质人造板（刨花板、胶合板、纤维板等）所用胶粘剂大多数以甲醛系列为主，如脲醛树脂胶、酚醛树脂胶等。板材中的游离甲醛释放会直接危及人体健康，因此要大力发展低甲醛含量的绿色环保人造板。

我国是农业大国，农业剩余物（秸秆等）资源极其丰富，因此发展利用农业剩余物为原料的环保型人造板是未来主要趋势。

五、新型装饰材料发展应采取的措施

（一）新型装饰材料发展对策与建议

确定新型装饰材料及制品开发方向，加大科研开发的力度，提高技术装备水平，结合不同地区、不同建筑类型，以新型生态化装饰材料为重点，瞄准有市场前景的新产品、新技术，在引进、消化、吸收国外先进技术装备的基础上，研究开发适合我国国情的新工艺、新技术和新装备。尽可能少用天然资源，降低能耗并大量使用废弃物作原料；尽量采用不污染环境的生产技术；尽量做到产品不仅不损害人体健康，而应有利于人体健康。加强产品在工程技术应用的研究，加快新型装饰材料及制品的应用步伐。要加强合作，尽快制定、落实新型装饰材料纳入建筑应用的规程和管理办法，切实解决新型装饰材料发展过程中科研、生产、建筑设计、施工等各个环节的具体问题。修订有关新型建材及制品的生产、施工规范、规程及施工通用图集。

（二）充分利用技术创新发展新型装饰材料

新型装饰材料具体发展方向应有以下目标；即外墙装饰由陶瓷面砖向外墙涂料发展；内墙装饰材料应以壁纸为发展方向，同时环保水性漆、纳米涂料也将成为重要的内墙材料；室内铺地材料以陶瓷地砖、地毯、木地板为主。这三种材料各有发展趋向：陶瓷地砖向大规格、多花色、艺术化发展；地毯由单色向多色，由整块向小块拼铺方向发展；木质地板出现实木地板、复合地板和强化木地板竞争形势。

（三）促进新型装饰材料快速健康发展的主要措施

落实产业政策、加快结构调整步伐，严格按照国家颁布的产业政策，加快调整新型装饰材料产业结构，改变行业生产要素分散、资源利用不合理的局面。重点扶持一批创新能力强、经营业绩优、市场占有率高的优势企业。加大淘汰落后工艺、设备和产品的力度。坚持科技创新、大力推进技术进步，建立具有自主知识产权的新型建材主导产品的开发、创新体系。根据国家鼓励发展的新型建材技术、工艺、设备及产品政策导向，加强技术开发和应用示范，组织引进、消化、吸收国外先进技术，研究、开发科技含量高、效果好、节能效果显著、拥有自主知识产权的优质新型建筑材料生产技术与装备。坚持以市场为导向，要加强市场研究，注意市场动态，跟踪市场的变化，预测市场发展，适时研制、开发、发展、生产市场紧俏或急需的新型建材产品，满足市场需求。强化质量意识，建立健全质量保证体系，建立有效的行业质量监督机制和企业质量保证体系，依靠质量创品牌、创效益、制约行业的短期行为和企业不正当行为，维护市场秩序，促进行业的健康发展。

第五节 门窗工程

门窗工程一直是建筑节能工程的难点问题，也是老百姓在住宅工程使用过程中不满意且问题多的工程。如透气、返霜、关闭不严等诸多问题，现在针对建筑节能对门窗工程的要求和老百姓在使用过程中出现的各种问题提出门窗工程的防治措施。

一、玻璃型材胶条要求

新建民营建筑工程必须采用三玻窗，框与扇之间满足三道密封要求。窗框型材宽度≥65mm。门窗密封条必须使用三元乙丙胶条。

二、门窗制作要求

门窗使用的型材应有出厂合格证。门窗制作应满足设计及相关技术标准要求。

铝合金门窗应符合国家标准《铝合金门窗》GB／T8478 要求，门、窗要手里部位基材最小壁厚分别 ≥2.0mm、1.4mm。门窗框。扇杆件连接间隙应进行有效的密封。

铝合金隔热性型材除应符合现行行业标准《建筑用隔热铝合金型材穿调式》JG／T175、《建筑用硬质聚酰胺隔热条》JG／T174，尚应符合以下规定：

①穿条工艺的复合铝型材其隔热材料应使用聚酰胺 66 加 25％玻璃纤维，不得使用PVC 材料。

②浇注工艺的复合铝型材起隔热材料应使用高密度聚氨基甲酸乙酯材料。

不锈钢框玻璃门所用门框、门扇型材壁厚分别 ≥2.0mm、1.5mm。有色金属板（不锈钢、钛金）门所使用金属板厚 ≥1.2mm；门框、门扇形钢厚度分别 ≥2.0mm、1.5mm，并浸漆处理。

塑料门窗淘汰型材内后穿增强型钢的加工工艺做法，采用其他工艺做法时，其型材和门窗制作应符合现行国家、行业相关标准（包括推荐性标准）规定要求。

住宅工程单元门、入户门应符合设计要求，且应符合《防盗安全门通用技术条件》GB17565 规定：

①门框型材厚度按防盗安全等级乙、丙、丁分别应选用 2.0mm、1.8mm、1.50mm。

②门扇的外面板、内面板厚度用"外板／内板"形式表示，按防盗安全等级乙、丙、丁分别应选用 1.0mm／1.00mm、0.80mm／0.80mm、0.80mm／0.60mm。

③如设计无要求，住宅工程的单元门的防盗安全等级，不得低于丙级标准要求，入户门的防盗安全等级，不得低于丁级标准要求。

建筑防火门应符合设计要求，且应符合《防火门》GB12955 规定。钢制防火门材料应符合以下要求：

①门扇面板厚度 ≥0.8mm。

②门框版的厚度 ≥1.2mm。

③铰链板厚度 ≥3.0mm。

④不带螺孔的加固件厚度 ≥1.2mm，带螺孔的加固件厚度 ≥3.0mm。

⑤档防火门兼防盗安全门时，门框和们舳板厚度尚应符合相应防盗安全门等级的要求。

三、拼樘料的要求

转角窗、弧形窗、条窗、带窗应采用拼樘料连接，拼樘料必须选用与框料配套的定型产品，且满足相关技术规范要求。拼樘料与门窗应可靠连接和密封，塑料窗拼樘料内应设闭口式经热镀锌处理的型钢，型钢的规格应根据抗风压强度、挠度计算结果确，且最小壁厚 ≥2.0mm。拼樘料两端必须与结构采用预埋件焊接或通过连接机械连接。

四、金件的要求

门窗五金件质量应符合《建筑门窗五金件》JG／T124 — 130 规定要求，并应有橱窗合格证和质量检测报告。

门窗应采用锌合金执手、角部铰链，并且五金件的承载力与窗扇的质量和抗风压要求相匹配。门窗五金件安装应位置正确，数量齐全。门扇锁闭点不应少于两个。当平开窗窗扇高度＞900mm时，窗扇锁闭点不应少于两个。平开窗必须安装风撑。

五、门窗固定要求

门窗固定连接件尺寸 ≥140mm×20mm×1.5mm，金属膨胀螺钉 ≥M6×65mm，射钉 ≥3.7mm×42mm，焊接板尺寸 ≥80mm×80mm×5mm。

六、门窗安装要求

①建筑外门窗安装必须牢固可靠，与结构连接缝隙 ≥10mm。

②门窗框在砖砌体上安装时，固定点不得设置在砖缝处，固定方式应采用膨胀螺钉固定，严禁采用射钉固定。

③门窗框在与轻质砌体连接时，必须在轻质砌体对应连接的部位埋置混凝土块或固定于混凝土抱框上。

④门窗框与钢结构连接或安全在设有预埋铁件的洞口时，应采用焊接固定。

⑤门窗框与墙件固定后，周边缝隙必须全部硬聚氨酯发泡胶填塞饱满。

⑥门窗框与墙体间采用固定片固定是，每个固定钉设置两个固定片，边竖框与上横框向室内交叉连接，下横框向室外交叉连接，下横框固定片固定点尽量靠近窗框下方，不得影响室内外窗台饰面做法。距门窗框转角、中横框及中竖框150mm ～ 200mm处应设置固定点，间距 ≤600mm。

⑦窗安装时不得在窗框排水槽内进行钻孔。窗框泄水孔应在车间内机铣成型，孔宽4mm、长20mm，两端半圆形，孔距窗角100mm，孔间距 ≤600mm，外加防水帽。塑料门窗的排水通道不得与放置增强型的腔室连通。

七、门窗工程质量检测

（一）建筑门窗的水密性检测技术

建筑门窗幕墙的质量会受到自然环境的影响，尤其是雨水天，雨水对建筑物的低层和高层的作用力不同。如果下的是暴风雨，那么雨点在重力以及风力的共同推动下，会极快的撞击建筑物的屋顶和墙面，这样的雨滴带有非常大的冲击力，相当于风的作用力，极大的损坏了建筑物的各种围护结构。为了避免建筑门窗幕墙受到自然环境的破坏，就需要确保门窗幕墙的性能符合工程质量相关规定，达到水密性标准。因此，要不断完善建筑门窗的水密性检测技术，在检测水密性的过程中，使模拟出的自然环境能够更加符合实际情况、更加真实，更好地提高门窗幕墙的防水性能。

1. 加压前准备工作

压力脉冲需要三个，确保压力差值等于 500Pa，而且保持 100Pa/s 的加载速度，压力稳定作用时间保持 3s，泄压时间要超过 1s。当压力差值等于零时，把试件里的所有能够开启的部分进行打开关闭 5 次，然后关紧。

2. 淋水

对试件整体进行均匀地淋水，使淋水量保持 3L/（m²·min）。

3. 加压

在进行均匀淋水时，还需要施加波动压力，采用平均值的方式表示波动压力的大小，波幅的大小是平均值的一半。工程检测过程中，直接加压到水密性能的指标值，而且保持 100Pa/s 的加压速度，波动压力的作用时间控制在 15min 或者出现严重渗漏就停止。

4. 评定检测结果

建筑门窗工程水密性能检测的合格标准为三樘窗的检测结果必须全部符合工程设计的指标要求，任意一项不满足检测结果都是不合格的。

（二）建筑门窗的气密性能检测技术

在检测建筑门窗的质量性能时，要重点关注门窗的气密性能，它在建筑节能工程验收环节，属于必测施工指标。建筑门窗的气密性能是指在关闭建筑门窗的状态下，在大风环境的影响下，门窗具有用来防止空气渗透的功能。如果建筑门窗的气密性太低，就会使建筑物和外界的热量交换更加频繁，这样会增加建筑能源的消耗量，不符合建筑节能要求。因此，一定要提高建筑门窗的气密性能，从设计、用料、安装以及验收等方面进行改进，并不断提高检测技术。在检测门窗气密性能时，检测结果会受到检测人员能力、检测使用设备以及检测标准的把握原则等因素的影响，因此结果具有很大的离散性，对建筑业实现节能化发展非常不利。在国际上一般采取静压箱法的技术来检查建筑门窗的气密性能。

1. 加压前准备工作

在检测正负压时，需要提前进行预备加压，预备加压过程中，需要用到三个压力脉冲，确保压力差值等于 500Pa，而且保持 100Pa/s 的加载速度，最高压力稳定作用时间保持 3s，泄压时间要超过 1s。当压力差值等于零时，把试件里的所有能够开启的部分进行打开关闭 5 次，然后关紧。

2. 检测附加空气渗透量

对试件里的所有能够开启的部分进行密封处理，包括开口处的缝隙以及镶嵌处的缝隙，对于箱体的开口处，可以选择用不透气的板子盖住。然后按照正负 50Pa，正负 100Pa，正负 150Pa，正负 100Pa，正负 50Pa 的顺序施加压力，每次施加压力的时间控制在 10s，先逐级施加正压，然后逐级施加负压，并准确记下每一级别的测量结果。在这个过程中，如果做不好密封处理，就会加大附加空气渗透量，使气密性能的检测数值偏大，影响准确度。

此外，还需要做好挡板和挡板之间，压力箱和试件附框之间以及设备和挡板之间的密封处理，如果对这些部位做不好密封处理，也会加大附加空气渗透量，更有可能造成试件内外的气压差不稳定，影响试验的正常开展。因此，为了保证检测结果的准确性，一定要对试件和设备做好密封处理，对于试件和设备之间的缝隙可以选择用胶带来密封。

3. 总渗透量

总渗透量和附加渗透量的检测方法基本一样，除了不需要对试件和设备进行密封处理。

（三）建筑门窗的抗风压性能检测

1. 加压前准备工作

在检测正负压时，需要提前施加三个压力脉冲，确保压力差值等于 500Pa，而且时间保持 3s，当压力差值等于零时，再进行检测。

2. 最高风压检测

要仔细检查密封毛条，先安装内推拉门，然后安装门窗扇上面的滑槽，将滑轮放在下滑槽的轨道里，用力一拉，就安装好了门窗扇下面的滑槽，这时候就可以安装外推拉门。安装好后需要进行反复推拉，确保能够灵活推拉，并且在关闭门窗时有良好的密封性。

随着经济的飞速发展，人们越来越重视建筑各方面的质量问题，门窗作为建筑的一部分，关系到人们日常生活的使用。目前，建筑门窗主要为铝合金门窗，经常会受到一些因素的影响，出现渗水问题，给人们带来很大的麻烦，因此一定要采取科学有效的措施，做好门窗的防渗水施工，确保门窗质量的可靠性。

第六节　室内装饰的污染治理

一、室内环境污染情况概述

室内环境污染对人们的身体健康会产生极大威胁，甚至会危及人们的生命，尤其是对老年人或儿童的危害性更大，因此，室内环境污染的危害不容忽视。人们长时间生活在有污染的环境中，会出现各种疾病。室内常见的环境污染物质的主要来源于以下几种。

（一）物理污染

室内装饰环境的物理污染主要来源于各种装修使用的工具产生的噪音，室内装修环境中室内照明因设计不合理而导致室内光线过亮或光线不足等问题，室内装修的湿度过大还会发生石棉物种的污染。

（二）化学污染

室内装饰的化学污染主要来源于装饰材料中含有的氮氧化合物、碳氧化合物、硫氧化合物以及各种类型的无机物污染，而苯、二甲苯以及甲醛等有害物质大多来源于建筑装饰材料用到的不合格装修材料，如：胶黏剂、乳胶漆、涂料、板材等物质。

（三）放射性元素污染

放射性元素污染主要来源于混凝土、自来水以及天然气管道中释放的放射性元素氡气，在装修过程中，选用的人造大理石台面、人造大理石地板等物质会放射出 γ 射线，这也是室内装修环境污染的主要来源之一。

（四）大气颗粒物造成的污染

大气颗粒物造成的污染主要来自于室外环境进入到室内的，这些大气颗粒物通过空气吸附在可能导致人体发生癌变的化学物质表层中，大气颗粒对人体造成的影响是人们最为关注的热点话题。

二、室内装饰环境污染的检测方法

随着社会经济的快速发展，人们的环保意识在提升。目前，主要有两种室内环境污染情检测方法，即便携式检测仪器检测法和国家标准检测法。国家标准检测法主要是对现场进行空气采样，然后将其送往专门的实验室，使用先进的科学方法对采集的样本进行化验。国家标准检测法是国家法律认可的检测方式，其检测后得到的数据信息具备一定的法律效应，且所得的数据具有较高的准确度。但是国家标准检测法也存在很多缺陷，其检测费用较高、检测的数据周期较长、检测操作方式方法复杂，很难进行大规模的现场检测勘察。便携式检测仪器在对检测场地空气进行采集后，可以直接将数据进行分析计算，便携式检测仪器的使用费用低、检测速度快、操作简单便捷，适用于大规模对空气质量进行检测分析，但是诸多因素会对便携式监测仪器的监测工作产生影响，导致便携式检测仪器测得的数据精度较低、灵活度较差、数据准确度不高。

三、室内装饰环境污染与处理

（一）降低污染物的产生

1. 合理设计室内施工，控制污染物的产生

在对室内进行装修之前，相关工作人员必须要对室内环境装饰的原有情况进行详细了解、分析，尤其是室内环境的通风效果、室内装饰物品存在的污染情况。根据对室内环境的装饰总体设计，结合城市的气候现状，将建筑学的相关知识与环境学的相关知识进行有

机结合，对整体的装修方案进行合理设计，设计过程中要秉承以人为本、简洁实用、绿色低碳环保的现代化室内装饰理念，提升室内的通风条件，改善室内的通风效果，有效降低室内环境的污染。

2. 科学化施工，减少污染源

在室内环境装饰设计施工过程中，各个施工程序必须要遵照施工操作技术标准及条件，合理展开装饰设计的工程质量控制工作，必须要保证每一道装饰设计工艺都秉承绿色、低碳、环保的理念，每道工序的交接都要进行全面检查，确认无误后进行确认签字。工程所使用的建筑材料必须要严格控制，制定相关的管理规范细则，如：装修材料的备案，建立建筑材料准用证制度，对材料的质量及性能进行检测。要确保室内装饰选用材料的质量，一旦在装修装饰设计过程中出现问题，必须要做到及时、准确明确责任方。

3. 对于室内的装饰、装修，必须要控制污染源

随着现代化科学技术的快速发展，人们的生活水平日益提升，人们对于居住环境的要求也越来越高，有些人喜欢豪华的装饰，大量使用各种各样的油漆、涂料等，这会导致装修后出现严重的环境污染。在室内环境装修装饰过程中，要尽可能做到不用或少用劣质低价材料，要尽量选择绿色、环保、健康的室内装饰材料，这样既能满足人们对现代化室内环境装修的要求，还能控制室内环境质量。

（二）对室内环境检测、治理公司要慎重选择

一些公司在对室内环境进行治理时，采取千篇一律的操作方式，采用驱除剂或活性炭吸附方法去除室内的有机物污染物，使用封闭剂封闭处理室内的家具污染，其操作方法技术含量很低，只单纯按照说明书的规范、流程进行。我们在选择室内环境污染处理公司时，必须要充分考虑相关公司是否具备专业资质，其使用的除污产品是否来自于正规生产厂家，必须要做好所有的防范措施，才能防患于未然。

（三）谨慎选择室内环境治理产品

影响室内环境质量的不仅是具有污染的物质，一些治理室内环境的产品也会产生二次污染，如：空气清新剂、除味剂等产品就存在污染元素，但是在说明书中却没有对产品的有效成分进行清晰标注，一旦用户在不知情、不了解的情况下，使用了某些具有二次污染的产品，就会造成室内环境的二次破坏，在选择使用时，必须要对治理环境污染的产品进行深入研究，选择质量好、效果佳的产品。

（四）做好对特殊空间污染物的防护工作

在室内环境装饰过程中，水电是室内特殊空间污染物的主要来源，因为在改水、改电的过程中，会出现噪音、粉尘污染。在装饰过程中必须要对每道工作程序进行完善，对室内环境装饰过程加强管理，同时还要叮嘱施工人员做好局部空间的防护工作。

（五）完善质量监测的法律法规

我国对室内环境装饰污染情况的监测起步比较晚，很多人对室内装饰环境污染的有害性和监测缺乏正确认识。国家相关管理部门必须要完善相关法律、法规，要明确规定室内环境质量监测方法及污染度的标准，确保室内环境质量检测工作的有效开展。

（六）借助植物特殊功能减少室内装饰环境污染

植物不仅能绿化环境，释放出大量的氧气、净化空气，还能吸附室内环境的有害气体，减少室内装饰环境的污染。新装修的房屋一般都会有很大的异味，这些异味的产生大部分源自装修中的有害物质，我们可以采用养殖、摆放绿色植物的方法，常见的能够吸附室内有害起的绿色植物有吊兰、虎尾兰、绿萝、常青藤、铁树等，这些植物对甲醛、二氯乙烯等有害物质具有非常明显的吸附作用。可在室内摆放 1 ~ 2 盆吊兰、1 ~ 2 盆绿萝，吊兰可以吸附室内 80% 以上的有害气体，对甲醛的吸附能力特别强。

通过对室内装饰环境污染与质量工作的深入研究，我们不难发现，室内环境中的主要污染物有甲醛、苯、氨以及一些具有放射性的物质，这些有毒物质严重威胁到人们的身体健康。因此，在装修装饰的过程中，必须要有效控制室内环境污染源，不仅要减少污染物质的使用，还要避免过度装饰。要利用绿色植物防治污染物质，降低室内环境污染物质的浓度，确保人身安全。

第十章 工业化建筑体系的施工技术

第一节 升板施工

升板法指的是在施工现场进行预制楼板，然后通过提升机械将楼板提升到相应位置进行安装。通常来说，升板法施工需要在施工场地设立地坪以及立柱，将地坪作为底模，在地坪以及各个楼板之间涂抹隔离剂，在地面场地中直接进行楼板灌注施工，待钢筋混凝土结构达到强度要求后，通过提升机，借助立柱结构，将楼板、屋面板提升到相应位置进行安装，同时保证柱子与楼板板面的牢固连接。现阶段，我国城市化建设正处于快速发展的新时期，加强对建筑工程升板法施工工艺的研究具有十分现实的意义。

一、升板法施工工艺

（一）升板法施工工艺——基础施工

通常情况下，升板工程基础为钢筋混凝土杯形基础，在施工过程中需要严格控制杯底标高以及轴线的尺寸，这样才能保证提升环位置准确，同时避免杯底出现偏差而引起的提升机停歇孔位高度差，为工程施工质量提供保障。

（二）升板法施工工艺——柱施工

升板法工程施工中，柱子不仅具有承重功能外，还能在提升阶段发挥导杆的作用，因此柱施工质量关系到整个升板工程质量，同时也是提升过程安全的保障。这就需要确保柱施工质量满足施工要求，同时符合抬升楼板荷载。在柱施工阶段，应该保证施工现场的场地平整、坚固，同时做好施工现场的排水工作。

对于较长的支柱，在制作过程中可以分段进行。现阶段，对于上节柱制作有两种方式。第一种，可以采用现浇法，就是在楼板、屋面板提升到下节柱的顶端位置时，将提升设备拆除，然后将屋面板当作施工平台，进行上节柱的浇筑，等到上节柱混凝土得到一定强度后，再进行后续的升板施工；第二种是预制上节柱，就是事先在地面进行上节柱的预制，然后待楼板、屋面板抬升到下节柱顶端位置时，在屋面板上利用小型的起重机进行上节柱的吊装，然后将两节柱进行连接。另外，在柱施工过程中，也可以采用柱滑膜与升板技术结合的方式，保证接柱质量。

（三）升板法施工工艺——板工程施工

板工程是升板法施工中重要的环节，包括板预制、板提升以及板固定。

1. 板预制。建筑工程预制板施工一般是将地坪当作胎膜，采用一次重叠浇制法完成屋面板与楼板浇制。这就需要保证地坪平整坚固，同时将柱孔附近胎膜标高误差控制在2mm以内，尽可能减少搁置差异。具体施工时，需要事先做好相应的准备工作，包括平整与加固地基，如果忽视了准备工作的重要性，很可能对施工质量造成影响，同时也会延误工期，造成施工成本增加。在浇制板前，需要做好板与板、胎膜与板之间的隔离层施工，避免板与板之间发生黏结现象。一旦板与板之间出现黏结，就必须进行重新浇制，不仅延误工期，还会提升施工的难度，给施工单位造成巨大的经济损失。

2. 板提升过程中，需要严格控制提升差异，同时确保整个提升过程的稳定与可靠，其中提升差异也被称为升差，是建筑工程升板施工中重要的设计指标。通常来说，应该将升差指标控制在10mm以下，这样就能保证板搁置差异小于5mm。另外，在提升过程中必须保证各台提升机采用统一的提升速度进行同步提升，避免在提升过程中吊点出现支座沦陷等问题，防止梁内产生附加弯矩。经相关试验表明，梁附加弯矩会随着升差增加而变大，当附加弯矩到达一定极限时，就会导致提升过程中板开裂。特别是如果单点升差过大，会导致改点周围出现严重的裂缝。此外，升差太高也会影响提升机吊杆内力，到达一定极限时会使提升机处于超负荷运行中，对提升机设备造成损坏。为了避免这些问题的存在，需要严格按照提升规范进行相关操作，做好提升前各项计算与准备工作，尽可能较小升差。现阶段，控制升差的方式多种多样，包括标尺法、起重螺母旋转数控制阀、起重螺母上升螺距数控制阀、数控法、光电管控制法、激光控制法等等。在实际施工中，需要根据工程实际情况，结合施工工艺要求，选择合理的控制升差方式，确保施工质量。

同时，板的提升项目中，需要严格控制提升顺序，保证提升阶段柱稳定可靠。首先，在提升过程中需要严格控制每层板间距，控制柱自由长度；其次，坚持操作方面的原则，尽可能选择吊杆与螺杆拆卸次数较少的方式。

3. 板固定。当楼板被提升到预计位置时，为了控制搁置差异，需要利用厚度在5mm以下的垫块对搁置差异进行相应的调整，将板搁置差异控制在5mm以下，确保板平面位移小于30mm。对于普通的后浇混凝土柱帽施工，需要在提升板到设计位置时，在板底部提升柱根部绑扎钢筋，同时进行模板的组装，然后利用楼板上预留的灌注孔进行混凝土浇筑；对于无柱帽节点，可以采用两种方式进行固定，包括承重销及剪力块。其中，承重销节点，用加强焊接的工字钢插入柱的预留就位孔内作为承重销，以销的悬出部分支撑平板，板与柱之间另用楔子楔紧和焊牢。剪力块节点。采用机加工斜口楔铁作为板柱传力构件。剪力块节点中的承剪预埋件和剪力块应能承受全部的荷载设计值，并应分别对承剪预埋件、剪力块进行抗剪个具备承压以及对个链接焊缝进行承载力验算。

二、升板法施工安全措施

建筑工程升板施工过程，特别是提升阶段存在一定的安全危险，需要保证支柱的稳定性，防治失稳导致安全事故发生。根据多年的建筑施工经验，现提出升板施工过程有效的安全措施：

（一）提升前需要对支柱在各提升阶段稳定性进行相关验算，并且严格按照提升规范进行操作；

（二）在提升三层及以上楼板过程中，需要保证最上两层半中的一层楼板能够与每个桩进行交替楔紧；

（三）在水平方向上，设置水平支撑，与周围坚固的建筑物进行拉结，保证提升过程的稳定性；

（四）如果在大风天气进行施工，需要设置临时固定措施，用缆绳将高层板四周固定；

（五）提升过程中，需要在板四角悬挂线锤，如果线锤同时向一个方向移动，说明提升不同步，需要通过拉缆风绳、架设临时支撑等措施进行处理。

通过上述分析可知，升板施工工艺具有施工灵活、不受场地控制、高空作业少、施工强度低等优势，能够有效地提高施工效率，对建筑行业发展做出了巨大的贡献。在实际的施工过程中，还需要注重细节，做好施工准备，严格按照相关规范进行操作，做好施工安全措施，保证工程在规定工期内高质高效完工。

第二节　液压滑动模板施工

一、液压滑动模板安装

（一）准备工作

1. 清点滑模构件数量，检查规格质量是否符合要求。

2. 检查控制台、千斤顶的机械性能，并有液压管线、液压油等备料。

3. 楼层轴线测量放样及抄平。

4. 柱及暗柱竖筋接长。

5. 施工缝处凿毛及清理。

6. 筒体水平筋及暗柱箍筋绑扎 1m 高。

7. 筒内无混凝土楼板处搭设层板平台，层板面同混凝土板面，便于滑模的安装。

（二）滑模组装程序

滑模组装可分半筒到半筒的顺序，也可整个筒体一起组装，为便于流水施工，采取半筒到半筒的组装顺序。

测量放样→钢筋竖焊→凿毛清理→钢筋绑扎 1m →内围圈→提升架内立柱→外围圈→提升架外立柱→内模板→外模板→液压管线→控制台千斤顶→平台板→临时水电管→全面检查→联合试运转→插支承杆→浇混凝土提升→检查调整→正常滑升至板底→钢筋绑扎 1 米→滑模滑空至板上 10cm →扎梁筋→扎板筋→浇板混凝土。

二、液压滑动模板施工技术

（一）滑升速度的控制

本滑模的设计滑升速度为 20cm/h，但不得超过 30cm/h，模板滑升分以下三个阶段。

1. 初升阶段。

当分层浇注混凝土至 0.6m 高时，即可进行模板试滑升工作，千斤顶提升 1 ~ 两个行程后检验混凝土的脱模强度，当强度达到 1.0kg/cm2 ~ 2.5kg/cm2 时，即可进行初升。当模板滑升 0.2m 高后，暂停滑升，对模板系统、提升设备进行一次全面检查和整修后即可进入正常滑升阶段。

2. 正常滑升阶段。

模板正常滑升的速度一般控制在 15cm/h ~ 25cm/h 的范围内，即每 30 ~ 50 分钟滑升一个水平钢筋间距。滑升中要必须保证每个千斤顶能得到充分的加压和充分的回油，使各千斤顶的升程尽量一致。

3. 末升阶段。

当模板上口达到板底标高时，校正滑模水平。将混凝土浇筑至内模板上口平，然后逐步滑空模板，滑空速度至少不得低于每 30min 提升一个千斤顶行程的速度，待模板下口滑升至楼板面标高以上 10cm 时，转入梁板施工。

（二）钢筋的制作与安装

筒体分两个半筒流水施工，因此构件堆放也应按两份堆放，水平钢筋的加工长度一般控制在 6m ~ 8m，竖筋一般不超过 6m，钢筋的弯钩一律背向模板，并不得出现钢筋顶住或钩住模板的现象。滑模平台上不可一次堆放过多的钢筋，应尽可能沿筒体外壁均匀堆放。

筒体暗柱箍筋可一次绑到上一层板面上 1.2m 位置，水平筋根据滑模的速度边滑边绑。暗柱竖筋在板混凝土浇筑后采用竖向电渣压力焊，接头位置在板面上 1.5m，每层只设一次接头。

梁筋的形状应制成"，S"形或需要的形状，便于钢筋绑扎；与墙体相通的梁筋应尽量制作成直铁。根据梁筋在筒中的锚固长度来确定在筒体上的预留洞口的大小，洞口尺寸可比锚固长度大 100mm。楼梯钢筋的锚固采用在墙上留洞的办法，梯板筋锚固长度较短，墙上不必设通洞，只留设约为墙体厚度一半的扁洞就行。

（三）混凝土的浇注

1. 混凝土采用商品混凝土，混凝土的浇筑机械选用 TCP5613/38 型塔式起重布料两用机。由布料机将混凝土运到滑模各分块平台内。混凝土要保证混凝土人模后 5h 的强度在 0.1MPa ～ 0.25MPa 的范围内，做配合比设计时要考虑气温、湿度变化的影响。防止混凝土出模不坍塌、不拉裂。

2. 分层浇筑混凝土，每层混凝土厚度不应超过 0.2m，浇筑方向宜对称。

3. 为防模型变性损坏，应用铁铲将混凝土均匀地铲入模板内。

4. 用插入式振动器捣固混凝土，捣固棒插入混凝土的深度以不超过下一层混凝土面以下 5cm 为宜。

5. 混凝土出模后应及时用原浆抹面，并及时支模修补，不准用纯水泥浆刷面。

6. 混凝土出模 12h 后开始洒冰养护，在 7d 内确保混凝土表面保持湿润状态。

（四）预留洞口的留设

施工前应绘制梁锚固洞口、消火栓洞口、管道洞口的平面图和立面布置图，在滑模上标出平面位置，做好木盒或管道，堆放在指定地点，在施工中应有专人负责洞口的定位放样和安装，值班管理人员负责检查。滑模滑过洞口位置后，应清除洞口的混凝土。

（五）测量与纠偏

1. 模板滑模工作平台应处于水平状态，操作平台的水平偏差不应超 30m，相邻两提升架上千斤顶的高度偏差不超过 5m。

2. 筒体轴线的垂直度总偏差，不得大于全高的 1/1000，滑升过程中滑模偏离理论中心的距离每层不得大于 10mm。

3. 水平度的测量。

滑模组装完毕后，用水平仪在其支承杆上抄出水平线，并每隔 200m 作一水平标记，作为测量千斤顶升差和操作平台水平度的依据。每层检查校正一次水平标记的误差。

4. 垂直度的测量。

垂直度的控制采用轴线控制方法。滑模组装好后，应将上述轴线投点在滑模上口，做好防护罩，以防水泥浆污染，测量时置经纬仪于上述轴线上，后视轴线、倒转镜头，前视垂直度的偏差，也可以用 5kg 以上垂球检查垂直度偏差。每层滑升期间，应至少测量两次。楼板浇筑完毕后，应对滑模再校核一次。

5. 操作平台水平度调整。

千斤顶上安装一个调平器，只需将调平器的限位卡的下口对齐支承杆上的水平标记线固定，当千斤顶全部爬升到顶位限位卡时，滑模平台即可自动调平。

6.滑模纠偏。

当滑模偏离轴线 10mm 时应逆行纠偏，则采用操作平台倾斜法纠偏。应将与偏移相反方向的支承杆上的限位卡下降 30mm ~ 50mm 固定，在调整平台水平度时，使平台人为的向偏移反方向倾斜，使滑模在以后的滑升中逐步回复到筒体设计轴线上来。同时还应辅以千斤顶垫铁楔，调整平台施工荷载、局部关闭千斤顶等方法进行纠偏调整。垂直度纠偏应缓慢进行。

（六）滑模装置的拆除

在筒体滑升至顶层混凝土达到拆模强度后，即可开始拆除滑模，拆除滑模前，要根据实际情况制定详细的拆除方案和安全措施，统一指挥，以确保拆模安全。

在电梯井筒的墙体预留孔洞，搭满堂架支撑平台板；按轴线分段整体拆除外工作平台、提升架外立柱，模板给水、用电管路；拆除液压千斤顶及液压管路、控制台；拆除内围圈内模板及内工作平台。

经合理配制的大型化滑模装置，拼缝少，组合刚度大，配上异型模板可以组成各种复杂的平面形式，通用性强，周转次数多，为滑模装置的租赁化创造了条件，而且滑模施工成本相对降低，对改善混凝土外观质量、保证施工精度有积极意义，实际应用中已取得明显的技术经济效益。

第三节　外墙体工程施工的新工艺

在当前的社会环境中，建筑行业的发展可谓是非常迅速的，并且随之衍生出更多新型的施工工艺、施工技术，为建筑行业提供了基本的保障。其中，建筑主体外墙的施工质量，直接影响着建筑的整体水平，所以需要将新工艺、新技术、新方法，及时、合理的应用在外墙工程的施工中，以此来提高建筑的稳定性，满足更多业主的需求。

一、建筑主体外墙工程的施工技术

（一）现浇混凝土技术

现浇混凝土技术的应用，分为三个步骤：首先，施工人员需要进行模板施工，但是需要事先对施工现场进行详细的勘察，结合实际核查工程的设计图纸，如果图纸的内容存在不科学、不合理的现象，则应该及时与相关人员沟通，并对其进行改善、优化。其次，施工人员应该根据相关的标准，对主体结构进行测量，结合最终的结果以及相应的技术标准，对模板进行恰当的选择。由于在后续的施工中，模板需要承载混凝土的重量，所以就应该践行"自下而上"的搭建原则，并依据施工现场的情况，对施工工序进行合理的把控，以此来提供模板搭建的稳定性。最后，完成模板的搭建，就应该进行钢筋部分的施工，控制好施工方法、施工条件、钢筋质量、钢筋数量等，并及时对钢筋进行检查。

（二）砖混外墙技术

在建筑外墙工程的施工中，除了上述的传统工艺外，还包括砖混外墙技术，而这项施工工艺已经相对成熟，广泛应用在大型建筑工程中。对于该项技术的应用，主要体现在两方面：

（1）转换外墙技术，其要求所有的建筑材料，均属于半成品，所以就应该提高材料、机械设备进场的要求。在准备工作的环节中，除了应该保证施工材料的质量、数量，还应该及时对高层建筑的施工进行协调，确保机械设备可以按计划进场，进而保证材料可以得到合理的运用。

（2）在以砖混外墙为基础的施工中，放线、超平等工作，都对墙体的稳定性有着直接的影响。所以，工作人员就应该更加认真地对待，对外墙的标高、轴线的等，进行详细的检查，避免影响墙体的施工质量与稳定性。

二、建筑主体外墙工程新工艺的应用

（一）保温节能技术

基于工程的实践发现，采用外墙保温节能技术，能够优化墙体自身的保温效果，并且可以有效减少资源的浪费。在具体的施工中，保温材料中存在很多封闭孔，同时其密度较小，以此来实现提高保温效果的目的。但是，要想在根本上提高外墙工程的施工水平，就应该对施工的流程进行合理的控制与设计。具体来说，保温技能技术就是在墙体的外层，形成一层有效的保温层，即在墙体的外侧，使用合理的保温材料，进而形成一层保温层，包括 Xps 挤塑板、EPS 板、聚苯颗粒板等。例如，Xps 挤塑板是由聚苯乙烯与其共聚物合成的，其特点为膨胀比低、高热阻、低线性等，可以在很长的时间内，不会发生老化的现象。也就是说，Xps 挤塑板的化学性能较为稳定，已经作为保温材料广泛应用在建筑中。

（二）大体积混凝土技术

近年来，建筑行业中不断涌现出高层建筑、超高层建筑，而这样的现象则对主体构件的承载能力，提出了全新的要求。所以，在外墙施工的过程中，就应该及时采用大体积混凝土的技术，以此来保证建筑的稳定性。具体来说，采用大体积混凝土技术，其所需要的混凝土量较大，同时结构更加厚实，加之施工条件较为复杂，通常会采用地下现浇钢筋混凝土结构。因此，在实际施工的过程中，对于施工技术有着较高的要求，并且在施工的过程中，水泥水化热通常会大于 25℃，最终导致混凝土结构发生温度变形的现象。针对这样的现象，为了强化外墙施工的有效性，需要在大体积混凝土中，加入适当的外加剂，并选择适当的水泥品种，进而对其温度进行更加合理的控制，以此来为外墙施工奠定基础。

（三）钢筋连接技术

在当前的建筑行业中，传统的施工工艺已经不能满足其发展的需求，因此就应该将全新的施工工艺，合理的应用在其中。具体来说，传统的钢筋连接施工技术，需要经过合理的创新，才能够满足建筑发展的需求，并为提高外墙的施工质量，提供基本的技术保障。在创新钢筋连接技术的过程中，就应该严格遵循相应的规范、要求，包括焊接接头面积的百分率、机械焊接、焊接数量的奇偶等。目前，在建筑主体外墙的施工中，传统钢筋连接技术，已经被直螺纹接头连接技术所取代，而后者也已经成为一种全新的施工技术。在具体的建筑施工中，该项技术可以结合现场的相关需求，及时进行调整，进而将施工的难题予以解决，得到了广大建筑企业的青睐。

综上所述，建筑主体外墙工程，对于其整体有着至关重要的作用，所以需要将恰当的施工技术、施工工艺，应用在墙体工程中。但是，为了能够保证外墙工程的施工，能够与时俱进，践行绿色、环保、节能的理念，还应该将新型的工艺应用在其中，包括保温节能技术、大体积混凝土技术、钢筋连接技术等，以此来提高建筑的质量。结合本节的分析发现，文中所提及的施工技术、新工艺，其具有较强的可行性。

第四节 冬期施工方法

我国天气南北区域差别大，特别是在北方，四季分明，寒冬漫长，因此，冬季房屋建设施工单位做好防寒、除雪、防滑以及除湿等作业。室外温度平均连续 5d 低于 5℃就划分为冬季施工，对冬季施工的材料、工艺以及施工掌控都具有很大的约束性，因此对冬季房屋施工技术展开研讨。

一、冬季工程建设的特征

工程建设大多都会躲避冬季施工，冬季施工单位的技术管理人员应该依据冬季工程质量掌控主要步骤，实施有指向性的建设技能方式。冬季房屋施工建设因为建设环境以及建设条件的因素，往往是施工质量事故的频发时节，尤其是混凝土施工占大多数。冬季施工质量事件大多数是在春季刚开始时表现出不利现象，这样就产生了质量事件表现的隐患性以及延迟性，也给事件的解决带来了很大难度，若是事故相对较轻还能够补充处理，若是较重的事故就必须要重新建设，这就一定会给施工单位带来大量的经济消耗，同样影响工程的运用时间。冬季建设因为施工预备作业时间少，技能需求相对繁杂，使得冬季建设的筹划性和预备作业需求时间变得特别重要。若是这一步骤没有提前做到仔细具体就开始盲目建设，极易导致一些质量危险事件的发生。

二、冬季房屋工程建设的技术方式

（一）充分做足冬季建设施工预备作业

若想在冬季工程展开施工建设，第一就是要收集工程所在地区寒冬气候变更的相关材料，具体了解所在地最强时期的风雪，最低时间的温度，寒冬保持时间长短，天气变化等状况。依据国家施工规范和当地标准，若是室外平均温度持续 5d 低于 5℃ 就要进入冬期施工。进入冬季施工时必须提前做足准备工作，把有可能对施工质量带来不利影响的因素全部防止在最初阶段。此外，在开展冬季施工的过程中，还应该加强每日对天气变化状态的注重，做到未雨绸缪。

（二）完善人员培养以及技术交底作业

1.完善建设人员的培养作业。冬期施工因为长期在零下展开工作，不了解或不熟练冬期工程施工工艺，特别容易发生施工质量事故，为了确保工程质量，在冬期施工之前应该展开对技术管理人员以及作业班组的培训和技术交底。

2.展开冬期工程之前的技术交底作业。展开技术交底的目的是为了预防作业人员不了解工艺要求，防止操作方式不正确，人为的产生安全质量事故，确保冬期施工的顺利进行。

3.注重原材料的二次检测和材质的调配比重。在冬期工程施工中不同的原材料都应该展开二次检查测试，预防不合格材料使用到工程建设之中。此外，在冬期混凝土工程建设中通常需要运用许多外来添加剂，由于气温的不断变化，使用的多少也各不相同，加之当前经常会出现不合格产品，若是不进行二次检查测试，就直接使用到工程建设中，很有可能给工程质量造成严重的不良结果。若要解除导致工程质量的原因，对施工中所用的原材质展开二次检查测试是十分必要的。

（三）增强建设过程中的质量掌控

冬季施工期间的砌体工程大多是使用抗冻砂浆法建设。根据施工时的温度和实验调配比重的不同进行防冻剂的加入。对室内砌体房间进行保温时可采用封闭加温的方法：对施工作业层的所有门窗用塑料布封闭，对单元间的门洞和进料口进行棉门帘的挂设，既能够防风又可以方便出入；在每个户型中用小太阳进行加温，并对温度进行记录。室内温度不得低于 5°。保温时间要在各分层作业开始至结束后再增加 7d。在砖和砌块的砌筑之前，要将其表明的积雪处理干净。采用普通硅酸盐水泥，水泥使用时不能冻结。冬期砌筑砂浆的稠度要比常温下适当增加，控制在 8cm ~ 13cm。砂浆的使用温度不得低于 5℃。配备专用加热棒进行水箱水的加热，水温保持在 80℃以下。水的温度应经常检查，保持在 1h/每次，温度计停留在水中的时间不少于 1min。冬期砂浆的搅拌时间适当延长，比常温时增加 2min。在保温棚内进行砂浆的搅拌，随拌随运，储存时间不宜超过 15min。砂浆中的防冻剂参量参照实验报告及厂家材料说明。

（四）冬期施工的安全管理

冬期工程建设中的作业人员手脚冰冷，穿着增厚，行动不利索，并且时常经受冰雪恶劣天气，应重点做好防火、防滑、防寒、防中毒等工作。种种因素都给冬季工程施工带来困难，稍有松懈就会导致危险事故的发生。在工程建设之前应该编制对应的冬期安全施工措施，配备必要的安全防护用品，为工程建设的参与者展开安全培训，特别是高空工作以及特殊工种作业的培训，而且重视现场及生活区的防火工作，保障工程安全建设。冬期建设工期相对较短，但若是不做足准备工作以及防御，就容易给工程建设质量、进度带来严重隐患。所以，在施工即将要进入冬期之前必须做好防御工作。在工程建设之中掌握好时间是确保工程质量主要方式。

房屋质量的安全给居住人的生命以及财产安全带来直接影响，所以，增强冬季房屋工程建设技能的探究，有助于冬季工程施工质量的提升。工程质量向来是建筑行业重视的关注点，冬期建设工程的约束性也给建筑工程技能的提高带来发展契机，随着工程建设材质的不断更新，冬季建设工程一定会取得更可喜的成果。

第五节　雨期施工方法

目前气象科学对天气的预测已经相当成熟，但是，由于地形及强对流天气的影响，准确预报具体地点及具体时间的天气情况，目前的气象技术还没有达到。建筑工程施工中的大部分环节均在露天作业，且施工周期长、工程量投入大，不期而来的强降雨更会对施工现场带来较大损失，为保证工程施工的顺利进行，应事先做好施工准备，采取相应的技术措施合理安排施工作业。

一、雨期施工准备

在项目开工前，有效的雨期施工准备工作对成功地指导雨期施工十分必要，也是采取雨期施工技术措施的前提条件，根据建筑施工的特点，应做好以下雨期施工准备工作：

（1）提前收地施工所在地的气象资料，确定雨期起止日期，分析当地历年降水量。

（2）根据气象资料和雨水特征，编制雨期是施工专项方案。

（3）制定雨季安全施工应急预案，成立专项应急小组。

（4）做好场地布置，确保施工场地排水通畅，尽量做到雨停水干。

（5）在雨期前应做好现场房屋、设备的排水防雨措施，备足排水防雨的器材和用品。

（6）进场原材料进场堆放做好科学合理，对于能露天放置的材料应入库存放，库房做好防雨防潮等保障措施。

二、雨期施工的技术措施

建筑工程施工中的大部分环节，如：基坑工程；砌筑工程；钢筋工程；混凝土工程；模板工程；屋面工程；等等，均在露天作业，为保证工程的顺利进行，应事先制定有针对性的雨期施工技术措施，切忌千篇一律，无的放矢。

（一）土方及基础工程

土方工程和基础工程受雨水影响较大，如不采取有关防范措施，将可能对施工安全及建筑质量产生严重影响。因此在雨期施工时应注意以下几点：

1. 雨期开挖基槽（坑）或管沟时，应注意边坡稳定。对无支护基坑采取：分段施工及时回填；放缓坡度或设置支撑；对支护基坑：减少分层开挖深度，及时支护。雨水天气，原则上禁止基坑工程施工，在雨期对深基坑变形进行检测，预防安全事故发生。

2. 为防止基坑浸泡，开挖时要在坑内做好排水沟、集水井并组织必要的排水力量，确保排水设施质量稳定，配备相应和足够的抽水备用泵。

3. 对基坑四周进行围堵，防止基坑周边雨水倒灌基坑，将会对坑壁和坑底造成破坏，对基坑侧边的雨水进行疏通疏散。

4. 对于失陷黄土地区及流沙地区，雨期施工应按照相关规范及技术标准施工，必要时需组织专家论证施工方案。

5. 对于结构已浇筑完成但未回填的箱筏基础，仍需做好地下水的降排，避免基础漂浮。

（二）砌体工程

雨季影响砌体工程施工质量的因素分为三类：砌体块材的含水率；砂浆材料的水灰比；已施工完成的砌体的含水量。因此在砌体施工阶段应采取以下措施：

1. 应做好砌体块材的防雨或减少施工前淋湿砌块的浸泡，避免含水率超标砌体块材上墙。

2. 雨期施工时，应采取必要措施对砌筑砂浆进行保护，并根据露天砂子的含水率状况，对砂将配合比进行调整，确保砂浆强度。

3. 对已施工完成的墙体做好防雨措施，及防治墙体雨水冲刷，影响后期面层施工，有些已交付工程往往墙体不干，乳胶漆等面层脱落，就是雨期未做好防雨措施造成的。

（三）模板及钢筋工程

雨期模板的变形、钢筋的锈蚀及焊接常造成严重的建筑工程质量事故和安全事故，为确保雨期施工质量及安全，建议采取以下措施：

1. 确保模板支架基础土体不被雨水浸泡，必要时底层先浇筑混凝土垫层再搭设模板支架；

2. 严禁雨水天气模板支架及模板施工；

3.模板上部木屑杂物应及时清理，避免大雨天气将杂物冲刷至已封堵好的柱子模板内，造成较大质量隐患；

4.对密封严实的梁板模板，应在雨期来临前对局部模板进行开口，以便疏散雨水；

5.场地堆放钢筋应做好防雨遮挡措施，已施工完成的钢筋应及时浇筑混凝土，避免长期晴雨交替，严禁雨天焊接作业。

（四）脚手架工程。

在雨期，建筑施工现场脚手架工程应采取以下施工技术措施：

1.确保建筑周边基坑回填土密实，脚手架底部应做混凝土硬化垫层处理。

2.脚手架底部周边应做好排水措施，避免积水。

3.严禁雨水天气进行脚手架搭设施工。

4.设置脚手架的防雷接地，经检测合格后方可投入脚手架使用，以避免发生雷击事故。

（五）混凝土工程

影响混凝土结构强度的核心因素是水灰比，模板支撑架坍塌基本上都在混凝土浇筑时期，雨季期间对前两者的影响往往成为关键，因此，在雨季混凝土施工应采取以下施工技术措施：

1.雨季施工期间应密切关注天气变化情况，尽量避开在雨天浇筑砼。

2.多雨季节应每天关注天气情况，对已浇砼应尽早覆盖以防砼在终凝前雨水冲淋，并将浇筑区所积雨水及时排走。

3.针对现场搅拌混凝土，应加强对混凝土粗细骨料含水量的测定，及时调整水灰比。

4.当砼浇筑时突降中大暴雨且其持续时间长，则将已入模砼立即予以覆盖并改为间断进行砼浇筑，直至浇筑到符合规范规定的施工缝位置停止浇筑。如雨停后重新浇筑时已过初凝期，则该处应按施工缝进行处理。

（六）安装。在雨期，安装工程应做好以下施工技术措施：

1.雨期施工潮湿环境下施工带电工具使用时应注意防护，检查好工具完好，不应有漏电情况，个人应穿戴绝缘靴、手套。

2.雨季施工时，预留管道口朝上时，要用胶条或其他材料将管口密封，防止雨水灌进管道。

3.雨季施工时，如SC管出现锈迹，在浇筑砼前应将锈蚀用铁刷清除。

（七）吊装工程

在雨期，安装工程应做好以下施工技术措施：

1.施工所用的电焊机、氧气瓶、乙炔瓶应有防雨棚。

2.雨期塔吊使用前必须检查避雷及接地接零保护是否有效，严禁雨水浸泡塔机基础。

3. 预制构件及钢结构的材料、构件应放置在地势较高的地主，周围排水畅通，以防积水锈蚀。

4. 吊装作业突然遇雨时，必须对己就位的构件做好临时支撑加固。

5. 雨天不宜进行起重吊装工作，必须进行吊装工作应加倍注意，可采取增加绳索与构件表面粗糙度等措施来保证安全。

（八）屋面工程

屋面工程作为一项分部工程显示出其在建筑工程中的重要地位，屋面工程常出现的漏雨问题，往往与雨期施工未采取防范有关，雨期屋面工程施工应采取以下施工技术措施：

1. 未施工防水屋面，应提前做好雨水排水管道，未来得及设置降水管道的，应及时对屋面女儿墙开洞进行泄水，对雨水较大的地区，建议设计屋面雨水泄水口。

2. 防水施工前应对屋面混凝土面板进行防水防雨保护，确保防水卷材及保温施工时，基层干燥。

3. 应及时施工屋面伸缩缝两侧反檐，并及时安装伸缩装置、避免雨水灌入。

4. 应严格按照图集要求设置排气孔。

本节根据雨期及建筑工程施工的特征，对建筑施工各重要环节提出了雨期施工的技术措施，工程参建方应对雨期施工予以足够的重视，制定详细的雨期施工技术措施，并严格实施，将雨期施工造成的不利影响降到最低。

第十一章　房屋建设施工项目管理

第一节　施工管理

房屋建设施工工作的开展包含了对原有建筑的改造以及其他区域内的建筑兴建，总体而言，房屋建设施工的开展属于一个相对复杂的体系与过程。在实际工作的开展之中，由于涉及领域的烦琐，以及相关技术经验的不充分，难免会暴露出很多的问题与不足，这些问题的存在不仅仅影响了房屋建设施工作业的有序开展，在一定层面上也是对我国城镇化建设进程的一种阻碍。如何结合实际工作的开展，加强对房屋施工现场的管理优化，这已经成了相关从业者与管理部门亟待解决的难题。

一、房屋建设工程现场管控的重要性

在房屋建设的工程开展过程中，为了保证工程的有序开展，成本的合理控制以及安全性的全面保障，必不可少的要注重管理工作的开展与优化。实际管理工作的开展需针对施工现场的物资、材料、人员以及技术进行调整与搭配，通过整体工程开展效果的优化，保证工程的开展效率与建设水平。

（一）保证工程施工质量

众所周知，房屋建设工程的开展具有周期长、投入多、施工技术烦琐复杂等特点，这要求我们在实际工作的开展过程中，需加强对现场施工的有效管控。通过对工程开展的细节问题进行优化，对每一个施工角落的隐患排查，以及工程质量的监管与控制，工程周期的监督与考量。这些都是对工程施工质量的有效保障。

（二）控制成本

房屋建设工程的开展涉及巨额的资本投入，即便如此，处于多方面的考量，应就工程施工成本的控制加以重视。由于在实际工作的开展过程中，不论是材料，人员还是机械的使用成本都相对高昂，所以成本控制工作的开展也是管理工作中不可忽视的重要环节。通过对物资的有效管理，设备资源的合理调配，皆可以在实际工作的开展过程中起到缩减成本的效果，这对于工程的开展以及建筑效果的保障都大有裨益。

二、房屋建设施工现场管理中存在问题

尽管我国的房地产行业的发展规模较大，但是在实际的现场管理方面还存在有很多的不足，例如现场监管制度的不完善，安全隐患的排查不彻底或是责权划分不清晰等问题都是对建筑施工效果产生十分不利的影响。其具体存在的不足在下文中也予以了一一分析。

（一）施工现场的安全体系建设不足

施工现场的安全管理工作可以说是工程有序开展的必然保障，随着安全建设的意识逐渐深入人心，很多承建单位和工程的现场管理都将安全管理视为了工作开展的重点。但是即便如此，仍旧有很多的安全监管工作没有落实到实处。例如施工方对安全建设的重视程度存在不足，现场的安全制度存在缺陷，安全教育工作的缺失导致施工人员的安全意识淡薄等等。

除此之外，由于房屋建设工程的蓬勃发展，安全监管人员的配备也存在缺失，对于一些岗位的安全监管工作的开展必然会造成一定的影响。一些员工无法做到持证上岗，在作业过程中操作自身不具备的内容或是设备，这也是安全隐患的重要体现。

（二）现场材料的监管存在不足

在当下房屋建设工作的现场监管过程中，最常见的所暴露出的问题便是施工材料的合格度难以有效控制。很多劣质材料在外观上比较，难以与合格产品产生差异，但是在后期的应用中，劣质材料必然会影响到工程的整体质量。由于监管制度的缺失以及鉴别方式的不足，现场材料的监管工作还存在有很多的不足。这也是现阶段房屋建设工程开展过程中管理问题缺失主要表现。

三、房屋建设施工现场的管控优化

在房屋建设施工现场暴露出的诸多问题，如果不加以及时有效的解决，很大程度上会影响房屋建设工程的监督以及后期应用的质量与效果。下文便结合实践，就房屋建设施工现场管理中存在问题所对应的优化措施进行分析。

（一）加强材料选材与管理

施工材料的管理是整个建筑工程施工管理的基础所在，正是由于其在建筑工程中的关键地位，加强对材料的甄别与管理才显得格外重要。在实际工作的开展过程中，应就材料的证明材料予以重视和排查，保证材料的出处有章可循。同时在应用之前还要就材料的运输以及储存工作进行优化，避免因后期的人为因素而降低了工程的开展效果。

（二）注重现场安全管理水平的提升

安全是第一生产力，注重发展效率而忽视个人安全的时代已经一去不复返了。在房屋

建设工作的开展过程中，应将安全工作的管理放在首要位置，加强安全管理工作的开展，降低因管理不善而导致的安全事故。注重安全教育工作的开展，提高全员的安全意识与安全素养。注重员工的专业培训，以自身专业素质的提升来进一步地保障安全生产。通过安全有序的建设活动开展，在满足人们居住要求的同时也能够促进行业的持久有序发展。

（三）注重现场监督工作的开展

现场监督工作的开展是对房屋建设工程开展的一种全面优化。监管工作的开展也应落实在工程开展的每一个角落。在工程开展的初期，应注重专业监督团队的组建，注重对施工环境的了解与考察。在施工过程中，应注重对建筑图纸的审核与优化，保证因地制宜的展开工程建设。在工程施工的后期，注重对工程的验收与检验。监管工作的开展对于工程管理效果的提升功不可没，加强监管工作的开展与优化，也是行业发展的必要选择。

时代的发展催动着社会的高速进步，就我国现阶段的发展模式而言，城镇化的推广以及人们生活水平的提高，伴随着房屋建设工程的大规模开展已成必然趋势。在房屋建设工程的开展过程中，受制于多方面因素的限制，管理工作的开展还存在有很多的不足。这不仅影响了城建工作的有序开展，对于我国社会的持续进步也是一种阻碍。

第二节　施工成本控制

加强房屋建筑工程施工阶段的成本控制，有利于提高项目资金利用效率，减少施工企业不必要的经济损失，增加工程施工中的经济效益与社会效益。所谓的房屋建筑施工阶段的成本控制，是指在可靠的成本理论及方法支持下，确保工程施工质量可靠性、施工进度良好性的前提下，将工程施工成本控制在有效范围内的重要举措。因此，需要充分考虑这类工程施工的实际情况，强化工程施工阶段的成本控制意识。

一、房屋建筑工程成本控制概述

所谓的成本控制，是指在可靠的理论及方法支持下，对企业生产经营过程中所产生的费用进行合理控制。狭义的成本与广义的成本，隶属于成本控制范畴：前者是指对成本的日常控制，实践过程中为了降低成本，需要加强计划成本与实际成本之间的差异分析；后者是指成本经营，需要对生产经营全过程中产生的费用进行控制。

在房屋建筑工程成本控制的过程中，为了增强其实际的成本控制效果，应了解相关的原则。这些原则包括：

（1）成本控制中的可控性原则。针对控制对象，需要在既定控制目标的指导下对控制对象进行正确引导，确保成本控制有效性；针对控制主体，需要结合工程的实际情况，采取有效的措施加强成本控制。在这一原则要求下，需要从事前、事中及事后三方面入手，保持成本控制的良好作用效果。

（2）成本控制中的全面性原则。在成本控制过程中，应注重全过程、全方位及全员控制，最终达到成本降低的目的。

（3）成本控制中的效益性原则。在基于提高效益的前提条件下，加强成本控制，对于房屋建筑工程建设具有重要的现实参考意义。

（4）其他方面的原则。如整体性原则、系统性原则、责权利相结合的原则等，都在成本控制中发挥着指导作用。

二、房屋建筑工程施工阶段各种成本控制方法

为了实现房屋建筑工程施工阶段成本控制目标，降低这一阶段项目施工成本，需要加强不同成本控制方法的灵活使用。这些成本控制方法包括以下方面。

（一）可靠的线性回归法

这种方法的理论基础是数理统计，运用其中的回归分析对不同变量之间的定量关系进行有效分析，是一种重要的统计分析方法。房屋建筑工程施工阶段成本控制中若采用线性回归法，需要找出影响项目施工成本的各种因素，对这些因素之间的变量关系进行确定，并在计算机三维空间中得出成本控制的线性回归预测模型，从而为项目施工阶段成本控制提供参考依据。

（二）科学的指数平滑法

该方法实质上为加权的移动平均法，能够将项目施工阶段与成本控制相关的各种变量集中起来进行针对性处理，依据时间序列的变化特性进行成本控制分析，并得出相应的预测值。

（三）有效的净值分析法

该方法的合理运用，能够对项目目标成本、施工进度及目标期望彼此间的差异性进行分析，实现对项目施工范围、时间及成本数据的综合分析，增强项目施工阶段分析准确性的基础上为项目成本控制提供了有效的参考信息。

（四）施工阶段人为因素、环境因素等不同因素变化中的成本分析与控制

由于房屋建筑工程施工阶段各项作业开展中可能会受到人为因素、自然因素变化的影响，间接地加大了项目施工成本。因此，在项目施工阶段成本控制中应考虑这些因素产生的影响，从而为项目成本控制目标实现提供保障。

三、房屋建筑工程施工阶段成市控制措施

（一）注重科学的成本控制预警体系构建

在开展房屋建筑工程施工计划时，由于施工阶段包含的施工内容丰富，可能会受到不同干扰因素的影响，加大项目施工成本的同时也威胁着项目施工质量安全可靠性。因此，为了加强房屋建筑工程施工阶段成本控制，提升其整体的成本控制水平，需要结合项目施工的实际情况，构建出科学的成本控制预警体系。实现这样的发展目标，需要做到：

（1）在信息技术及计算机网络的支持下，设置项目施工全过程的成本监测模块，对房屋建筑工程施工阶段存在的成本风险进行实时分析并加以警告，促使施工单位能够及时采取有效的应对措施予以处理，最大限度地降低成本风险，实现信息化成本监测方式使用。

（2）重视成本的有效诊断。在构建科学的成本控制预警体系过程中，应重视成本的有效诊断，增强该体系的适用性。成本诊断中参考成本监测结果，在可靠的成本预测技术支持下加强各种成本数据分析，并对成本运用是否合理做出科学判断。

（3）注重成本偏差纠正。当房屋建筑工程施工阶段成本得到有效的监测与诊断后，需要对其中出现的成本偏差进行纠正，并运用科学的纠偏措施予以处理，实现项目施工阶段成本的合理控制，保持成本控制预警体系的良好应用效果。当该预警体系构建完成后，其实践应用中施工单位应根据工程的具体情况进行合理的预警度划分，促使其能够在成本控制中意识到不同影响程度的成本控制问题，保持自身良好的成本控制水平。比如，当成本控制中超出预算小于5%时，可视为成本控制有效；当超出预算范围为5%～20%时，可视为成本控制中存在较为严重的问题，并加强问题产生原因分析；当超出预算为20%～35%时，可视为成本控制问题严重，应及时采取必要的措施进行处理；当超出预算大于35%时，应视为成本控制失效，需要进行停工处理。

（二）重视施工全过程的费用控制

通过对房屋建筑工程施工阶段实际情况的深入分析，可知其在这一阶段各项作业落实中会产生较多费用，给项目施工成本的有效控制带来了较大的影响：加大施工成本的同时影响了工程造价水平。针对这种不利的发展现状，需要在房屋建筑工程施工阶段成本控制中重视施工全过程的费用控制。具体表现在：

（1）根据工程施工中对不同材料的需求情况，加强建筑市场材料价格波动变化分析，从材料性能可靠性、采购成本经济性等方面进行综合考虑，选择出性价比最佳的施工材料，进行大批量的采购，以此来确保项目施工阶段成本控制有效性。同时，材料使用中应加强库存管理，建筑企业需要对其存放的物料，定期进行质量的抽样检查，且需要设置专门的区域，进行物料的保存，避免建筑材料受到外界因素，以及人为因素的破坏，继而导致质量问题，有效地规避了由于物料质量问题引起的成本增加风险的出现。同时还需要不断提

高材料周转率，避免材料库存较多而加大资金占有率现象的出现，并将项目施工中不同部门领取材料控制在合理的范围内，超出部分应向上级管理部门及时汇报，促使项目施工中不同材料得以高效利用。

（2）加强项目施工全过程中的人工费用控制。人工费用控制中应做到：根据项目规模大小，确定不同工种的人员数量，将其中产生的费用控制在有效的范围内；注重施工人员综合素质培养，在具体的施工阶段，施工现场的管理人员，需要对施工人员的具体操作行为进行严格检查与规范，指导其进行正确的施工，避免他们因操作不当而造成返工现象的出现，从而加大施工成本；给予施工人员各项作业效率提高科学指导，确保项目资金运用合理性；此外，对于新进的施工人员，需要对其做好岗前培训，并进行考核，待其通过考试后，颁发施工设备操作合格证书，之后才准许其进行施工建设。且在其进入到施工现场后，还需要委派经验丰富的施工人员带领其再次熟悉施工操作步骤，最大化地避免由于人为原因出现的施工成本风险。

（3）项目施工中应加强机械费用控制，建立高效的管理机制及维修保养机制，对不同机械设备使用中产生的故障进行及时处理，优化设备工作性能的同时降低它们的维修成本。

（三）重视施工阶段对于领料单、任务单的控制管理

在具体的建筑项目施工中，建设中所使用的领料单，以及具体的任务单都可以产生一定的成本支出，因此需要对其加强控制管理，避免许多不必要施工项目的支出情况发生。在上述两个方面内容的具体成本控制中，首先需要建筑企业根据施工的具体预算，以及施工任务单、领料单，对其成本情况进行科学计算，以此得出其差额数据，以便对其具体的施工项目成本支出进行合理的控制与修正。此外，还需要将具体的施工领料单、任务单进行有效的存档，之后根据每个月的实际施工项目内容，可以进行物料、施工任务的核对，以便建筑企业可以对每个月实际所支出的成本进行有效把握。根据上述得出的数据，建筑企业可以根据每个月的实际支出得出一个平均值，进而可以对施工过程中每个月所使用的物料、施工任务制作成领料表、任务表以此避免过多成本的支出。

要想在该阶段对其成本进行控制，除了上述的控制手段，还需要对施工中所出现的施工变更情况进行科学、合理地把握，进而对出现变更的施工项目，所需要的物料、机械、人工成本进行计算，最终与总投资成本进行对比，得出其是否需要进行施工更改，以此来从经济性、实际性的角度，对施工中的任务、物料的成本支出情况进行把握，有效地规避该阶段的施工变更风险的发生，有效地使得建筑企业免受巨额的经济损失。

（四）优化工程施工组织架构

在良好的施工组织架构支持下，可以为房屋建筑工程施工计划的安全实施提供保障，保持施工作业高效性的同时降低施工成本。因此，项目施工阶段成本控制中应注重工程施工组织架构优化。具体表现在：

（1）落实责任制，明确项目经理及其他管理人员的职责范围，促使项目施工阶段的各项工作得以有效落实，施工计划实施中产生的费用能够得到科学控制。

（2）细化项目部工作内容，提升项目人员认知水平，促使项目施工作业开展中能够得到有效的监督与管理，加强其中存在问题的处理，提高资金利用效率。

（3）运用高效的项目组织管理方法，加强成本控制中存在问题的分析与处理，并健全成本控制体系，确保与之相关的各项措施得以顺利实施。

（五）加强施工索赔与现场签证控制

作为房屋建筑工程施工阶段成本控制的重要组成部分，施工索赔及现场签证控制水平的提升，有利于实现成本控制目标。因此，需要采取必要的措施加强项目施工索赔与现场签证控制。这些措施包括：

（1）施工单位及业主应严格遵守合同条款要求。若施工中受到意外因素影响，施工方可向业主进行索赔，具体的索赔内容包括：业主未遵守合同条款要求；复杂的施工环境导致施工计划难以深入推进；施工材料供应不足；市场因素作用下导致的材料价格上涨；合理范围内因施工变革设计产生的费用。

（2）施工单位应根据项目施工的实际情况，加强现场签证控制，对施工中产生的费用进行严格审核，应与造价人员之间做好沟通交流工作，确保项目资金利用状况良好。

（六）具体工程施工成本的有效措施

1. 加强工程项目的成本管理，编制工程成本控制计划，增收节支，定期进行成本分析，采取降低费用开支、增加盈利。

2. 编制科学合理的施工计划。项目部根据工程总进度计划及时编制安装工程分部施工进度计划，充分采用交叉施工、流水作业等手段，科学安排施工的各要素，并严格落实，减少窝工、停工等现象，提高劳动生产率。

3. 项目部在满足施工进度的前提下，科学编制月、季度要料计划；加强现场材料管理工作，做到用料计划准确无误，按工程进度需要，组织不同品种、规格的材料分批进场。

材料、设备的采购要货比三家，最后确定供货单位，批量材料争取由厂家直接供应，以减少中间流通环节，降低材料采购的成本。进场的材料和设备要减少露天堆放的时间，防止自然损耗和丢失，减小保管费用。施工时做到限量领料，合理用料，降低材料的损耗量。

4. 加强劳动力的调度与管理。

按工程进度的需要配备劳动力，对施工班组采取比较彻底的责任承包办法，工资分配同所完成的工程挂钩，提倡一专多能，减少间歇窝工及非生产用工。

5. 施工机具配备要合理，选用效率高的施工机械，提高生产率及机械化施工水平。

6. 加强对工程产品质量的控制和管理，保证产品一次成优，减少返工等现象，以质量保进度，以质量降成本。

7. 认真实施各项质量制度。在施工过程中，项目部应按公司质量手册、程序文件的要求确保质量体系的有效运行，严把各项质量检验关，对卫生间、隐蔽工程等重点部位加强监督检查，将质量隐患消除在萌芽状态，避免因质量问题而造成的整改、返工损失。

8. 合理组织施工。对安装工程来说，工程前期，施工配合工期长、耗工量大，后期工程量集中，工期紧、压力大，在施工安排上要及早采取相应的措施，做到边配合、边加工，有安装条件的抓紧施工，以分散施工高峰期的工作量，减轻工程后期对安装工作的压力，做到均衡施工。

9. 在施工过程中，积极推行新工艺、新材料、新机具等新的施工方法手段，以提高施工效率，降低工程费用，注重技术革新和合理化建议工作，以确保工程质量、进度及成本目标的实现。

10. 加强模板管理，做好模板的拆模、维修工作，增加周转次数。

11. 做好材料进场验收工作，验质量、验数量，减少进场损耗。

12. 加强机械设备管理、保养、维修，提高机械利用率。

13. 要求以预算收入控制支出，进行成本核算，制定目标成本。

14. 根据目标成本，进行成本倒算，确定各分部分项工程材料用量控制范围及各工种控制范围。实行成本否决权。

15. 严格样板开路，减少返工，降低成本。

16. 提高计划管理水平，抓住计划编制，综合平衡和检查执行环节。

综上所述，加强施工阶段成本控制，对于房屋建筑工程施工具有重要的指导意义：确保项目资金利用有效性的同时增加了项目施工效益，有利于提升项目施工成本控制的整体工作水平。因此，未来房屋建筑工程建设中应给予工程施工阶段成本控制足够的重视，灵活运用不同的成本控制理论及方法，增强项目施工成本控制的施工作业效果。与此同时，未来房屋建筑工程施工阶段成本控制中应落实责任制，制定出有效的优化对策，促使项目施工成本控制能够达到预期效果。

第三节　施工进度控制

房屋建筑工程进度控制是项目施工中的重点控制之一。它是保证施工项目按期完成，合理安排资源供应、节约工程成本的重要措施。工程建设进度控制是指对工程项目各建设阶段的工作内容、工作程序、持续时间和衔接关系编制计划，利用有效的相关措施将该计划付诸实施，在实施的过程中经常检查实际进度是否按要求进行，对出现的偏差分析原因，采取补救措施或调整、修改原计划直至竣工。

一、影响房屋施工项目进度的因素

（1）相关单位的影响。设计图纸供应不及时或有误；业主要求设计变更；实际工程量增减变化；材料供应、运输等不及时或质量、数量、规格不符合要求；水电通讯等部门、分包单位没有认真履行合同或违约；资金没有按时拨付等。

（2）施工条件的变化。施工现场水文地质状况比设计合同文件预计的要复杂得多；如地质断层、溶洞、地下障碍物，软弱地基以及恶劣的气候、暴雨、高温和洪水等都对施工进度产生影响、造成临时停工或破坏。

（3）技术失误。施工单位采用技术措施不当，施工中发生技术事故；应用新技术、新材料、新结构缺乏经验，不能保证质量等都要影响施工进度。

（4）施工组织管理不利。流水施工组织不合理、劳动力和施工机械调配不当、施工平面布置不合理等将影响施工进度计划的执行。

（5）社会因素及各种不可预见因素。城市供水、供电、供气系统发生故障而停止供应，交通阻塞或中断等。严重自然灾害，如恶劣天气、地震、洪水、火灾等；战争、政变等政治因素等。

二、制定建筑工程施工现场分段进度计划

（一）确定目标工程项目目标

确定目标工程项目目标就是实施项目所要达到的期望结果，是衡量项目成功与否的标准。项目目标包括约束性目标和成果性目标。成果性目标是工程计划所要达到的总进度目标和分进度目标。约束性目标主要指进度、费用、质量三重约束。在进度计划编制方面，施工单位应当依据不同的房屋建筑工程所处的地理位置、环境和施工条件等特点，编制不同的施工进度控制目标，分别编制不同深度的控制性、指导性施工进度计划。施工项目进度控制的总目标是确保施工项目的既定目标工期的实现，或者在保证施工质量和不因此而增加施工实际成本的条件下，适当缩短施工工期。

（二）确定施工顺序主要应考虑以下几点

尽量做到均衡施工；尽量提前建设可供工程施工使用的永久性工程；急需、关键、施工周期较长的工程先施工；应注意季节对施工顺序的影响，保证施工不会因为季节而导致工期拖延；确保主要工种和主要施工机械能够连续施工。

（三）确定进度安排确定各单位工程的施工期限：

各单位工程的施工期限应根据合同工期确定，同时还要考虑建筑类型、结构特征、施工方法、施工管理水平、施工机械化程度及施工现场条件等因素。根据项目内容的分解，

找出各分部分项工作的先后顺序，估计出各工作的延续时间之后，就要安排好项目的时间进度。实际的计划会受到各种因素的影响和限制，所以需要据具体情况对进度进行调整。另外，在进度安排中，要将里程碑计划关键路径计划特别注明。

三、建筑工程施工现场进度控制措施

（一）施工前准备工作的协调。

（1）落实有关施工人员精心做好图纸会审、设计交底等工作，及时编制施工预算；以便解决施工疑难问题。

（2）明确技术质量要求，结合现场具体情况及有关资料，编制施工方案及分项工程组织设计，满足不同阶段施工要求。

（3）精心绘制各类管道综合布置图，明确各系统管道的标高位置，统一设置各系统管道的吊点支架，合理安排各系统管道安装的施工顺序，制定各系统管道按此顺序施工的"交通规则"，满足吊顶的最大高度，保证综合安装的质量。

（4）对施工单位做好技术交底，落实施工工艺，明确施工程序。

（5）编制施工机具计划，劳动力计划，安排施工阶段进场等。

（6）是项目部对各专业分包班组编制的施工组织设计或施工方案进行评审。各方面工作人员应该努力工作，积极地对待施工过程中的每一道工序，对发生的无法预测的施工质量问题，如果做不到事前控制，一定要做好事中控制，避免施工质量问题的进一步扩大化，最大限度地降低无法返工或因返工造成更大的经济损失的问题。

（二）建设工程项目施工中进度的控制措施。

（1）建设工程项目进度控制的组织措施。组织是工程项目进度控制目标能否实现的决定性因素，为实现工程项目的进度控制目标，应充分重视健全工程项目管理的组织体系，明确并落实专职部门和人员负责工程项目的进度控制工作；编制工程项目进度控制的工作流程，如确定项目进度控制计划系统的组成、编制、审批和计划调整程序，做好有关工程项目进度控制的组织协调工作。

（2）建设工程项目进度控制的管理措施。建设工程项目进度控制的管理措施涉及管理的思想、方法、手段，承发包模式，合同管理和风险等。建立对施工进度能有效控制的监测、分析、调整、反馈信息系统和信息管理工作制度，随时监控施工过程的信息流，实现连续、动态的全过程进度目标控制。对工程项目的进度计划应有系统的观念、动态控制的观念、多方案比较和选优的观念；制定的工程项目进度控制计划必须很严谨地分析和考虑工作之间的逻辑关系，把握进度控制中的关键工作和路线；选择合理的合同结构，注意分析影响工程进度的风险，并采取有效的风险管理措施；重视信息技术这一管理手段在工程项目进度控制中的应用，有利于提高项目进度控制信息处理的效率。

（3）建设工程项目进度控制的经济措施。建设工程项目进度控制的经济措施涉及资金需求计划、资金供应的条件和经济激励措施等。为确保工程项目进度控制目标的实现，应编制与进度计划相适应的资源需求计划，以反映工程实施的各时段所需资源，资源需求计划也是工程项目融资的重要依据；在工程预算中应考虑加快工程进度所需的资金，包括为实现工程项目进度控制应采取的经济激励措施所需的资金。

（4）合同措施。以合同形式保证工期进度的实现，即保持总进度控制目标与合同总工期相一致；分包合同的工期与总包合同的工期相一致；供货、供电、运输、构件加工等合同规定地提供服务时间与有关的进度控制目标一致。

（5）建设工程项目进度控制的技术措施。不同的设计理念、设计技术、设计方案会对工程进度控制产生不同的影响。设计前期方案评审和选用时，应对工程设计技术与工程进度控制的关系分析比较。在工程进度受阻时，分析是否存在设计技术的影响因素，为实现工程进度控制目标有无设计变更的可能性。施工方案对工程进度控制有直接的影响，不仅应分析技术的先进性和经济的合理性，还应考虑其对工程进度控制的影响；在工程进度受阻时，分析是否存在施工技术的影响因素，为实现工程进度控制目标有无改变工程施工技术、施工方法和施工机械的可能性。

加强施工进度控制是规范施工行为、保证施工目标实现的关键，通过监控施工过程中各种不确定因素进而减少对施工进度的不利影响，不仅促进施工成本的最小化和资源消耗的均衡化进而提高工程施工经济效益，而且为提高经济效益创造了条件。

第四节　施工质量控制

房屋建筑工程施工的质量直接决定了房屋的整体质量，房屋建筑工程施工质量的控制工作对提高房屋建筑工程质量有着非常重要的作用，并且有着非常直接的决定性作用。房屋建筑工程质量的具体概念，就是房屋的实体质量。

一、加强房建工程施工质量控制的意义

房屋建筑的外观形状、实用功能、质量和耐用性最主要的决定因素就是房屋建筑工程施工质量，而且房屋建筑工程施工的质量决定一家施工单位的信誉，以及在社会上的市场占有度。同时企业想要在社会激烈的竞争过程中获取竞争优势，提高自身的竞争力，一定要将加强对房屋建筑工程施工质量控制。因为我国居民对房屋建筑使用过程当中的质量和耐用性提出了更高的要求，两者的决定性因素就是房屋建筑工程施工的质量，所以想要在市场中被大多数消费者选择，就要不断地提高房屋建筑工程施工质量，并且加强对其控制。而且在加强房屋建筑工程施工质量之后，不仅仅可以获取更高的市场消费占有额，更可以

避免房屋建筑由于质量低下而产生的一些安全事故。由此可见，加强房屋建筑工程质量控制的意义是非常重大的，并且对促进这一行业的发展有着非常重要的作用。

二、房屋建筑工程施工质量控制管理措施

（一）提高相关工作人员的工作素质

工作人员是一项工作在进行过程当中最活跃、最主要的因素，同时，工作人员的工作素质和专业能力，也间接地决定这一工作进行的质量。所以在加强房屋建筑施工质量控制管理的过程当中，一定要注重提高相关工作人员的工作素质，只有这样才能够使得相关的工作能够顺利进行，还会产生更高的效益。在这方面一定要对工作人员的专业水平有非常严格的考核，要使每一个工作人员都有相关的证书，避免无证上岗的情况发生。并且相关的施工企业也可以对其相关的工作人员进行定期的、专业的知识讲座培训，使得他们对相关的专业知识能够有一个更好地理解和掌握，不断地提高自身的专业能力和职业技能，使他们在工作的时候可将这些都发挥出来，提高工作的质量和效率，促进整个房屋建筑工程施工质量控制管理。

（二）施工质量预控教育和素质教育

在提高工作人员工作素质的同时，也应该加强施工质量预控教育和素质教育。虽然这两方面是具有一定相似性的，但是区别确实很大。房屋建筑工程施工质量的管理是一项非常复杂的工作，结合了法律、技术、经济等内容，而且其综合性也是非常强的。所以在加强房屋建筑工程施工质量控制管理的过程当中，就要提高施工质量预控教育和素质教育。对工作人员进行这两项教育，是为了可以提高基本道德水平和建设非常和谐的团队。培养工作人员是为了提高他们的工作素质，并且工程施工需要相互合作配合进行，所以为了提高团队意识和团队的协作能力，要加强施工质量预控教育和素质教育。

（三）完善施工单位自身的质保体系

在房屋建筑工程施工的过程当中，是否能够真正地进行相关质量的控制直接取决于相关的施工单位是否具有完善的施工单位自身的质保体系。质保体系对整个工程的运行也是非常重要的。所以，首先一定要根据相关工程的实际情况制定质保体系，要不断地完善自身的质保体系，才能够真正地实现房屋建筑工程施工质量的控制管理工作；其次建立和运行高质量的质保体系是需要从多个方面进行考虑的。主要内容是工程任务的承包和施工前期的准备，并且还包括相关施工原材料的采购等一系列环节。在进行这些工作的过程当中，质保体系的建立是非常重要的。

（四）房屋建筑工程施工质量管理制度

完善房屋建筑工程施工质量管理制度是需要从三个方面进行制度的完善的。首先是要

完善相关的质量责任制度。这一制度的主要功能就是使得在房屋建筑施工的过程当中出现的质量问题可以有最主要的责任人，为了可以实现具体问题具体负责，这一制度主要是采用了以人为本的工作理念，因为人是在工程施工当中最主要的存在，并且是施工的操作者、组织者和指挥者；其次，要建立完善的技术管理制度，这其中就包括要建立起非常严谨的技术管理体系，并且还要做好在施工过程当中对一些施工技术的控制；最后，要完善质量事故报告和处理制度，在这个过程当中可以避免一定的事故发生。

（五）房屋建筑项目施工现场管理工作

在加强房屋建筑项目施工管理工作的过程当中可以从三个方面来进行加强：第一是要加强房屋建筑工程施工过程当中事前质量控制的准备。在正式开始施工之前，就要以整个项目施工的现场为主要的对象，对各项施工要求进行准备工作；第二就是要在施工的过程当中加强事中的质量控制，对各项事项都进行严密的控制；第三是加强事后质量控制，在工程完成之后要对其产生的房屋产品进行严格的质量控制，并且还要准备完善的竣工验收资料，根据相关部门的验收评定标准进行准备，这样也可以使得房屋建筑的控制工作进行得非常顺利。

（六）加强房屋建筑工程施工安全管理

在加强房屋建筑工程施工安全管理的过程当中就要做到专职人员负责专门的事情。因为在房屋建筑施工的现场，总会产生一些意外，并且这些安全问题也是阻碍项目施工进行的重大障碍。这就要求加强对施工现场安全管理的工作，需要非常专业的安全工作人员来进行这一工作，训练非常专业的安全员来应对施工现场出现的一些违反规定的作业，或者是违反安全措施的施工方法。要为相关的施工人员提供一个非常安全的施工环境，保证他们的人身财产安全。

（七）房屋建筑工程施工过程当中的监督管理工作

监督管理工作对于提高房屋建筑工程施工质量控制而言是非常重要的。因为在整个过程当中，对施工的每一个方面都具有非常严密的监督，就会减少违规现象的出现，并且还能提高相关工作人员的工作质量。监督管理工作，使得所有的现场施工工作有序进行，并且还可以减少相关安全事故的发生，提高房屋建筑工程施工的质量，并且还能为房屋建筑工程施工提供一个非常良好的施工环境。

三、房屋建筑工程施工过程中的控制要点

（一）控制内容

控制内容是房屋建筑工程施工过程当中的重要控制要点之一，其包括过程的控制、特殊环节的控制和交叉配合的施工。在进行过程控制的时候就是从相关施工设计图到最后竣

工验收的整个过程都要进行控制。相关的施工单位要对施工过程当中每一个方面都有着非常仔细、全面的研究；关于特殊环节的控制，主要是针对在施工过程当中遇到的一些比较特殊的施工工序或者是关键工作；交叉配合施工就是在施工的过程当中存在一些交叉施工的环节。面对这样的施工环境就一定要提前准备好相关的技术交流，并且还要做好相关的文字记录。

（二）抽样检查以及试验

抽样检查以及试验是对施工过程当中需要进行抽样检查的项目，在非常专业的监理工程师的见证之下进行检查，并且还要根据相关的规范进行检查。其中对建筑原材料的检验是非常重要的，而且还是需要送到非常专业的检测单位进行检测，不能随意编造检测的结果，否则就会出现比较严重的质量问题。对原材料的检测，还需要收集相关的合格证明，这样才能够保证其原材料的质量。并且对于其他的现场专职计量员而言，是需要专业的检测工具的。

（三）不合格品控制及预防

在施工过程当中，原材料的采集是非常重要的一项工作，如果施工建筑过程当中出现了原材料不合格的问题，就应该及时进行标注，并且将这些原材料隔离放置，最后进行统一处置。同时还应该通知相关施工人员，避免使用这些质量低下的原材料。对可能出现的不合格的原材料或者是造成这些问题的因素一定要进行积极的预防和控制，只有这样才能够避免更大的经济损失，才能不拖慢整个工程进行的速度。

（四）面板高程控制

一般的住宅楼单层的面积是比较小的，而且形状是成矩形的，在进行着一类房屋建筑的过程当中，相关的工作是不容易控制的。所以想要保证住宅楼的质量，要在每一层浇筑楼板前进行楼层标高基准线的勘测，而且基准点的数量是需根据当前具体的施工环境而决定的。

（五）梁柱节点施工控制

梁柱节点是框架结构最重要的受力点，而且施工质量的好坏直接影响到了结构的安全性。在进行钢筋的捆扎的过程当中，相关的施工人员一定要严格按照设计图纸所规定的捆扎部位进行捆扎，而且还要关注钢筋捆扎的直径和间距。

（六）混凝土开裂控制措施

在进行房屋建筑工程施工的过程当中，混凝土的浇筑、养护和拆模的时间是非常重要的，而且这些因素也是影响混凝土开裂的主要因素。混凝土的具体拆模时间要根据当时具体的养护试块的抗压资料来进行确定，如果说在混凝土的强度未达到要求的时候就在上部进行压力试验，就会导致混凝土开裂的可能性更大。混凝土初凝前如果可以进行二次找平抹光的话，是可以有效防止混凝土发生开裂现象的，进而也可以减少混凝土表面的一些轻微裂缝。如果是在非常炎热的夏天进行施工的话，由于当时的空气干燥，应该在混凝土完成浇筑后的半天之内进行浇水养护工作，并且养护的时间最少需要两周。

四、施工阶段方面控制工程质量的措施

（一）在施工准备阶段的质量控制

施工前的准备工作对于整个施工来说都是非常重要的，如果准备做不好的话，那么后期的工作是很难进行的。在施工前期进行准备工作的过程当中，对施工图纸的准备是非常重要的，首先一定要对施工图纸有非常高度的重视，才能够在设计的时候将其设计得非常完美。在施工图纸进行完第一遍设计之后，一定要进行非常严密的重新核算，确保图纸没有任何问题才能够将其运用到真正的施工过程当中，这样既可以减少施工过程的问题，还可能减少相关的安全问题，保证施工人员的生命财产安全；其次，还要对各种建筑原材料的采集准备工作进行非常严密的监督。如果进入到施工现场的建筑原材料是存在问题的，那么在后期的生产过程当中一定会产生特别多的问题，会拖慢工程的进度。同时在选择原材料的过程当中，必须要求这些原材料有着合格、并且高质量的质量检查报告，对各种材料都必须要经过非常严密的监督取证和检测才能够进行应用。

（二）在施工过程当中的质量控制

在进行施工过程当中的质量控制工作的时候，首先要求相关的监理人员在每一个施工工序开始之前都要对承包方进行非常严格的检查，需要检查他们的准备工作是否做到位：承包方在施工之前是否将需要的施工工具和施工的原材料都准备齐全，是否可以保证施工的顺利进行；其次，还应该进行更加专业的检查，包括砂浆混凝土的配合比例以及其抗压程度是否合格。同时还需要非常严格的验收每一道工序的交接工作和隐蔽工程的检查工作。同时，相关的工作人员还具有质量监督权和否决权，就是在施工的过程当中，如果相关的施工单位并不能够按照施工规范来进行施工操作，那么对于这些不合格的行为，相关的监理人员是有资格行使质量否决权的。

（三）在施工后期的质量控制

在进行施工后期质量控制工作的过程当中，首先要在房屋建筑施工工程正式竣工之前进行初步验收，且总监理工程师应该组织相关监理工作人员对房屋建筑工程进行提前竣工验收工作。之后，相关的工作人员就要整理出质量评估报告和监理工作总结。这些工作总结非常重要，且需要内容非常客观、真实，不允许带任何感情色彩，必须是要根据当前工程的实际质量进行编写。还需要组织单位统一来进行工程竣工的验收工作，并且相关的工作人员还应该对竣工验收的资料进行再度的审核，同时还要实地检查工程的质量。

总之，房屋建筑工程质量控制工作是非常重要的，在提高整个房屋在使用过程中的质量和耐用性也是非常重要的。而且，当前居民对房屋建筑安全提出了更高的要求。针对当前房屋建筑工程过程当中存在的一些问题，一定要进行仔细的研究和分析，相信在采用了相关的措施之后一定可以解决这些问题，并且提高我国房屋建筑工程质量控制工作的质量和效率。

第五节 施工安全管理

一、影响房屋施工安全的因素

（一）现场人员影响因素

在工程项目的施工过程中，人员对于现场的安全施工有非常大的影响，因为就目前我国建筑行业的情况来看，在进行建筑工程的建设时，施工人员的专业技能往往比较低，在进行工程项目的施工过程中，施工人员自身安全意识和安全施工的意识比较淡薄，而且企业的管理人员在进行管理的过程中对于施工安全的认识也并不是很到位，在项目的施工过程中安全管理开展比较难进行，使得项目安全管理工作不到位。究其原因，主要是企业在施工过程中对于相关的管理人员和现场的施工人员的安全培训工作做得不到位，没有对安全施工的重要性在企业的管理人员和施工人员中进行意识的提高。退一步来说，尽管有些企业对于施工过程中的安全管理工作很重视，但是在企业的施工过程中，由于相应的安全措施以及安全施工技能原因，导致企业的安全管理工作出现问题。

（二）资金方面的因素

在进行房屋建筑的施工过程中，想要做好安全施工和安全管理工作，需要企业在施工的过程中投入资金来购置相关的安全措施，并且引入先进、安全的施工技术。但是就我国目前的情况来看，在进行房屋建筑工程的施工过程中，很多企业为了取得更高的经济利润，抱有侥幸心理，忽视对于施工中的安全管理和安全投入，购置的安全防护措施不到位，依然使用原有的老旧的施工技术，导致工程项目的施工安全隐患不断地加大。很多的管理方法没有保证工程项目的施工能够满足相应的安全管理要求。主要的原因就是企业安全生产投入的资金不够，导致安全问题。

（三）管理制度的因素

在工程项目的施工过程中，想要做好有效的施工安全管理，就必须要做好管理制度的建立工作。但是很多企业缺乏相关的安全管理制度，导致企业在进行施工过程中存在很多的安全隐患。比如在企业房屋建筑的施工过程中，对于安全管理的意识不到位，在进行管理的过程中，由于管理人员意识的问题，会使得安全责任制度落实不到位，安全责任制度形同虚设，埋下一定的安全隐患，进而使房屋建设项目在施工的过程中出现很多的问题。

二、建筑房屋安全管理的现状

我国房屋建筑工程项目在建设的过程中的安全管理和相关的安全管理方法应用已经得到了很大的提高，相比以前，已经可以说是质的飞越了。但是在房屋建筑工程项目的施工过程中依然有很多的安全事故频发，比如，在房屋建筑的施工过程中，依然存在很多脚手架坍塌的问题，在房屋建筑的工地中，依然有很多的高空坠物的安全问题，尽管得到了改进，但是在管理技术和管理方法上依然存在很多落后的地方，亟待解决。在房屋建筑工程的施工过程中，存在安全问题的主要地点依然是在房屋建筑施工过程中的现场的施工阶段，在施工的过程中出现安全隐患最大的原因是在建筑工程的施工过程中，安全风险是一个未知数，一切都是在不断地变化中，所存在安全隐患较大，而且在房屋建筑工程的施工过程中，使用的都是大型机械施工或者高空作业施工，一旦出现安全事故，后果是不可逆转的，而现在的施工过程中，出现较多的问题，管理人员对于房屋建筑工程施工过程中的安全管理不到位，出现问题的话，施工人员的生命和财产受到威胁。因此，在房屋建筑工程的施工过程中，需要加强对于施工过程中的安全管理工作，使我国的房屋建筑工程能够更好地适应未来房建工程的发展趋势。就目前的实际情况来看，在我国的房屋建设的施工过程中，想要做好相应的管理工作，就要加强对于安全管理的力度。在进行施工的过程中加强对于工程项目施工过程中的安全管理方面的资金投入，使房屋建设过程中的安全措施做到位，避免由于安全措施方面的影响使得建筑工程项目在施工的过程中出现问题。在进行房建工程项目的施工的过程中，需要不断进行制度的完善，加强对于施工现场安全问题的责任制度管理，使工程项目的安全管理制度不断落实到位，做到依照制度进行施工。在进行房屋建筑工程施工的过程中，想要做好对于工程项目施工的安全管理工作，就必须考虑多个方面的原因，对于这些原因加强管理和控制工作，完成对项目的安全施工管理工作，使我国的房建事业走向一个新高度。

三、加强房屋建筑施工安全管理的意义

（一）安全事故无小事

在进行房屋建设的过程中，就必须要做好相关的安全管理的工作。做好安全管理，避免出现安全事故也是我国构建和谐社会的一部分，是我国社会主义发展的重要组成部分。换句话说，构建和谐社会的主要内容是依法治国，因此，在进行房屋工程项目的建设的过程中，也应该遵照相应的法律法规来进行项目的建设工作。进行房屋建设的过程中应该遵

照建筑法进行工程项目的施工工作，一旦发现有悖于建筑安全法规的行为要及时制止，对于有些行为及时地进行处罚。在我国的建筑工程的法规中有着明确的规定，在进行建筑工程项目的施工过程中，企业应该依法承担相应的安全管理责任，在进行房屋建筑的施工的过程中，施工总承包应该做好相关的安全管理的责任，将所有的施工企业纳入到工程项目的安全管理中去，明确各级单位的安全管理责任，适应国家安全生产管理的趋势。

（二）加强安全管理，减少安全隐患

能避免安全事故的发生，保护施工人员生命财产安全，也有利于企业的利润保障。房屋建筑施工是一项有一定危险的项目，其危险系数较高，在房屋建设的过程中，安全责任事故频发。主要的原因就是企业在进行施工的过程中违规进行操作，导致安全责任事故频发。随着我国现代化脚步的迈进，使得在房屋建设的过程中的施工技术在不断更新，在现场施工过程中的管理体制也在不断改变。但是施工企业在进行施工的过程中依然本着"行业管理，国家监察，群众监督"的安全施工理念在进行。按照目前的发展形势，这种理论已经不是能够很好地适应施工形势，应该在项目的施工过程中引入新的管理方法，根据实际情况建立新的管理体制，使得施工过程变得更加安全有效，减少问题的出现。

四、建筑施工安全生产存在的主要问题

（一）安全意识不足

就目前的实际情况来看，在进行房屋建筑的施工过程中，很多施工企业依然没有把工程项目的安全问题放在第一位，在施工过程中，把效益放在第一位，没有考虑到各方面的因素，没把项目的成本、安全、质量等管理好。在企业的施工的过程中，安全管理工作没有被放在第一位，主要抓效益，将项目的经济效益放在第一位，没有考虑到在工程项目的施工过程中一旦发生安全责任问题，就会使工程项目的效益大打折扣。在工程项目的施工过程中的重视程度不高，安全问题非常严重。安全管理者如此，部分施工人员受其影响对安全不重视，不按操作规程施工，特别是特种作业的老技术工人，自认为自己经验足，违规操作多年都没出安全事故而不按规范和操作规程施工。施工人员大多是务工人员，对于安全施工的意识比较淡薄。比如说在工程项目施工过程中，有些参与过很多年的施工工作的工人在工作的过程中不戴安全帽，还有些工作人员在施工时，将施工工具随意放置，容易引发高空坠物。

（二）资金投入不足

在进行房屋建筑工程的施工的过程中，对于安全措施的购置，应该有专用的款项进行使用，在施工的过程中应该做到安全措施经费专款专用，但是在目前的很多施工企业施工的过程中，不按照相应的要求执行相关的标准，使得企业在进行施工的过程中安全措施不到位，甚至出现减少安全经费支出的问题。目前的安全经费主要存在以下问题：①工程项

目在施工过程中对于安全经费的拨款不足；②企业的安全施工经费没有按照相应的规定使用。在有些项目的施工过程中，有些管理者认为安全措施不需要按照规定进行使用，可以将安全经费作为企业施工过程中的利润的一部分。在企业施工的过程中，这是对于建筑法规的一种亵渎，也是对施工人员生命财产安全的亵渎。在进行房屋建筑的施工过程中，很多的企业所采取的安全防护措施的主要目的是应付检查，还有一些企业为了应付检查，使用挂靠的方式使安全管理规范达标，而实际在企业工作的管理人员的数量完全无法达到标准，安全管理人员配置不足，使得施工过程中的安全问题不能够及时被发现。还有一些企业虽然配备了一定的安全管理人员，但是这些安全管理人员的管理意识比较差，对于工作不是很积极，导致施工过程中的安全问题无法被及时发现，出现安全责任事故。

（三）培训力度不足

在目前的房屋建筑工程的施工过程中，项目的三级教育无法完全落实，在施工之前的技术交底工作不是很到位，使得施工过程中无法安全施工，并且施工技术也存在很大的问题，导致施工现场的安全隐患大大增加。在发生安全责任事故之后，自我保护的意识又不是很到位，一旦发生事故，后果不堪设想。

（四）建筑市场不规范

在进行房屋建筑工程的施工过程中，导致施工过程存在安全问题的根本原因是工程项目在施工过程中的市场并不是很规范。换句话说，在工程项目的施工过程中导致安全事故频发的主要原因是由于工程项目的市场秩序混乱。其主要表现在工程项目施工过程中的安全管理的制度以及相关的安全管理措施方面，在进行工程项目的施工的过程中，很多的安全责任管理制度几乎相当于不存在，挂靠现象是一种市场常态。在进行房屋建筑的施工过程中，总承包商和分包商之间的关系混乱，市场上存在的违法分包现象已经成了市场的常态，在层层级别的施工过程中，投入施工的资金不断减少，管理费用不断增加，使得安全资金无法到位。在有些项目的施工过程中，很多的工程项目在施工过程中存在垫资现象，有些工程项目的工程款不能按时的结算，由此造成一定的安全隐患。还有一些不具备相关资质的施工队伍违法承包项目，使得项目在建设的过程中有很大的安全隐患。还有些项目的工期完全不符合实际情况，为了赶工，使得安全事故频发。

（五）监管出现问题

在有些地区相关的主管部门对于工程项目的建设没有起到积极的管理作用，不能够对于出现的问题进行有效的监督和检查。有些管理部门完全不了解工程项目施工过程中的问题，无法对出现的问题进行及时解决，造成项目施工安全问题频发，其主要的原因就是对于房屋建筑工程在施工过程中监管不到位，无法和目前的实际情况相匹配。

五、安全事故的对策和建议

（一）加强安全培训

在进行房屋建设的过程中，想要做好相关的安全管理问题，首要步骤就是不断提高房建施工过程中，施工人员的安全意识，提高对于安全施工重要性的意识。其中主要的做法就是在项目施工之前，做好相关的安全培训工作，了解施工过程中的技术，结合案例教育，加强其自我的保护能力。应该根据项目施工过程中出现的事故进行讲解，讲解在发生安全事故时，应该怎样保护自己生命安全。

（二）建立监管体系

施工单位应对其房屋建筑施工的有关安全保证体系进行监督，检查其在正常施工的工作情况下是否充分发挥着应有的作用，另外，还可以结合着对工地进行抽查。根据房屋建筑施工的现场环境和施工工程的发展进行有效的预防控制监督工作，可以利用计算机网络进行建筑施工的管理工作，将房屋建筑施工工程项目的进展情况传到网上获取有价值的反馈，使得监督机关可以及时根据具体情况作适时的工程调整。均衡安排各个施工单位内部之间以及各个项目之间的安全生产，提高整体房屋建筑施工的安全水平。

（三）积极减损

在施工过程中应推进保险的作用，对于施工过程中可能出现的问题进行投保，以减少发生问题之后的损失。

（四）及时检查

在进行房屋建筑的施工过程中，应该及时定期地对施工现场进行全面的检查工作。因为在施工过程中出现的安全责任事故，多数情况下是由于人为造成的，进行检查可以排除一定的安全隐患，减少安全事故的发生。

（五）建立信息化系统

随着现代化信息技术的不断增加，在进行房屋建筑的施工时，应该应用现代化的信息管理系统建立一套有效的安全管理系统，针对施工过程中可能出现的安全问题进行研判，有效地减少在施工过程中可能出现的安全问题。

结　语

　　房屋建筑施工技术管理贯穿于房屋建筑施工全过程，是房屋建筑施工的首要任务，其施工技术管理影响深远，因此，房建企业必须在房屋建筑施工技术管理中，学习借鉴先进的管理理念和技术，充分结合工程特点，合理应用于实际工程建设中去，以便为施工技术管理工作的顺利进行提供良好保障，也能进一步确保施工质量。房建企业进行施工技术管理时，应充分明确管理目的，通过利用相应的制度和有效措施对施工质量、进度、成本等方面进行科学合理的管控，以便增加企业的经济与社会效益，提高企业市场竞争力，帮助企业在激烈的竞争中站稳脚跟，并激流勇进。同时，房建企业也必须正确认识自身的不足，并对施工建设管理中出现的问题进行认真研究分析，得出结果后，采取针对性的有效措施弥补自身不足，解决施工技术管理问题，从而为企业的可持续发展提供良好的保障。